海上高温高压测试技术

WELL TESTING TECHNOLOGY OF OFFSHORE HTHP GAS WELLS

王尔钧 李 中 张 勇 著

中国石油大学出版社
CHINA UNIVERSITY OF PETROLEUM PRESS

图书在版编目(CIP)数据

海上高温高压测试技术 / 王尔钧,李中,张勇著
—东营:中国石油大学出版社,2016.12
ISBN 978-7-5636-5427-7

Ⅰ. ①海… Ⅱ. ①王… ②李… ③张… Ⅲ. ①海上油
气田—气井—高温高压实验—研究 Ⅳ. ①TE521

中国版本图书馆 CIP 数据核字(2016)第 311659 号

书　　名:海上高温高压测试技术
作　　者:王尔钧　李　中　张　勇
责任编辑:杨　勇(电话 0532—86983559)
封面设计:赵志勇
出 版 者:中国石油大学出版社
　　　　　(地址:山东省青岛市黄岛区长江西路 66 号　邮编:266580)
网　　址:http://www.uppbook.com.cn
电子邮箱:cuppzp2013@126.com
排 版 者:青岛天舒常青文化传媒有限公司
印 刷 者:青岛炜瑞印务有限公司
发 行 者:中国石油大学出版社(电话 0532—86983584,86983437)
开　　本:185 mm×260 mm
印　　张:12.25
插　　页:2
字　　数:301 千
版 印 次:2017 年 7 月第 1 版　2017 年 7 月第 1 次印刷
书　　号:ISBN 978-7-5636-5427-7
定　　价:60.00 元

FOREWORD 前 言

　　我国南海西部莺琼盆地是世界知名的海上三大高温高压区域之一,高温高压的影响、海上作业空间受限、后勤保障困难及天气多变的叠加,使海上钻井作业成为高风险作业。经过数十年的努力,中国海上石油人在本区域已钻井数十口,积累了一定的经验,经验的积累和沉淀,将有助于推动海上石油的勘探和开发。

　　本书根据南海西部莺琼盆地数十年来的钻井经验和研究成果,从储层出砂预测、测试液技术、射孔技术、测试管柱设计、测试期间水合物预测及预防措施、地面测试技术、测试安全和应急、测试设计、测试应用实践等方面,集成了具有海洋特色的高温高压测试技术。钻井作业过程中技术难点多,影响测试的各因素相互耦合,使测试的难度加大。本书在编写过程中,注重理论和实际经验的结合,梳理重要的测试技术难点,形成具有特色的海上高温高压钻井作业测试工艺体系。

　　本书在编写过程中,得到了中国海洋石油总公司、中海石油研究中心、中海油田服务股份有限公司、中海油能源发展股份有限公司等单位领导和专家的大力支持和帮助,在此一并表示衷心感谢。

　　尽管经过几十年的发展,我国海上高温高压钻井技术有了长足的发展,本书在编写过程中参考国内外成功经验,尽力做到尽善尽美,但由于水平有限,错误与不妥之处在所难免,恳请广大读者批评指正。

作　者

2016 年 10 月

CONTENTS 目　录

第1章 概 述

1.1 高温高压测试现状

随着全球对石油天然气需求的日益加大及资源的变化,油气勘探逐渐向地层深部和海洋推进,高温高压井也越来越多。高温高压井在国外称为 HTHP(High Temperature and/or High Pressure)井。根据国际 HTHP 合作促进协会的规定,油气井的地层温度达到 300 $^\circ$F(149 ℃),地层压力达到 15 000 psi(103.4 MPa)或井口压力达到 10 000 psi(68.9 MPa),称之为高温高压井。若油气井的地层温度达到 400 ℃(204 ℃),地层压力达到 20 000 psi(137.8 MPa)或井口压力达到 15 000 psi(103.4 MPa),则称之为超高温高压井。

海上高温高压给油气井测试带来了工艺上的困难,如工具耐温、耐压,管柱伸缩,井筒温度升高引起环空压力上涨等,加上海上特殊的作业环境,一直以来是一个世界级的技术难题。虽然目前海上高温高压测试已经形成了一套相对有效的测试工艺,但是一系列的不可控因素依然困扰着高温高压测试作业。随着作业经验的积累和技术的进步,有效地改进工艺,降低作业风险,实现安全作业无疑是今后的工作重点之一。

1.1.1 国内外高温高压测试技术现状

国外高温高压勘探和测试开始较早,如壳牌公司 20 世纪 60 年代中期勘探开发了密西西比南方盐丘附近的高压酸气,井深达到 7 620 m,井底压力达到 165.5 MPa,井底温度达到 221 ℃,H_2S 体积分数高达 45%。进入 20 世纪 80 年代,全世界的油公司都转入了恶劣环境中的油气勘探,恶劣环境之一就是高温高压,高温高压井从钻井设计、钻井、测井、测试到试采都与普通井有很大区别。为此,国际上大的油公司吸收了一部分国际性的服务公司[斯仑贝谢(Schlumberger)、哈里伯顿(Halliburton)、贝克休斯(Baker Hughes)、艾克斯普洛(Expro)等],成立了国际高温高压井协会。

该协会以定期或不定期的方式召开研讨会,交流研讨高温高压井的钻井、测井、测试及试采技术。该协会还规定:经过高温高压井协会认可的服务公司才具备对高温高压井提供钻井、测井、测试及试采技术服务的资格。例如,由德士古(Texaco)和英国石油(BP)公司共同开发的 Erkine 油田位于苏格兰阿伯丁东面 160 n mile。该油田于 1981 年被发现,测试时井口关井压力 73 MPa,井底压力 97 MPa,井底温度 175 ℃,受当时开采技术的限制,直至 1994 年才真正考虑开发该油田,1997 年 12 月第一口井正式投产。Erkine 油田的成功投产,为北海高温高压井打通了开发之路,之后开发了 Shearwater,Puffin,Elgin 和 Fraklin 油田。通过这些油田的钻探及开发制定了一系列高温高压井的钻井、测试、开采标准。

我国陆上油气田在 20 世纪 70 年代底至 80 年代初已开始了深井超深井的钻探,这些井主要集中在四川及西部地区,如 1980 年在青海钻的旱 2 井,完钻井深 6 000 m,钻井显示段的钻井液密度为 2.3 g/cm³。但当时的地层测试技术还不能满足这些深井超深井的施工需求,故未进行测试。国内陆上第一次进行深井超深井的系统试油是 20 世纪 90 年代在塔西南柯克亚深部油气藏中钻探的柯深 1 井进行的,柯深 1 井完钻井深 6 480 m,钻井显示段的钻井液密度为 2.1 g/cm³,实测井底压力 127 MPa,井底温度 144 ℃。其井况复杂,测试难度极大。随后的英科 1 井是一口科探井,完钻井深达到 6 400 m,钻井显示段的钻井液密度高达 2.38 g/cm³,井底压力高达 148 MPa。该井经过一年的技术准备,于 1997 年 5—6 月进行了测试施工,取得了一些宝贵的工程经验和教训。自 20 世纪 90 年代中后期以来,塔里木探区钻探完成了多口超深井,如东秋 5 井、英科 1 井、英深 1 井,塔河油田的 S88 井、S86 井、库 1 井等。2004 年完钻的中 4 井完钻井深 7 220 m,2005 年 11 月完钻的英深 1 井完钻井深 7 222 m,是当时国内陆上钻探最深的井。但超深井的测试在国内受设备、条件和经验的限制,还没有形成一套完整有效的测试设计和施工模式与规范,地层测试仍是深井超深井勘探施工环节中的主要难题之一。

1.1.2 南海西部高温高压测试技术现状

1.1.2.1 南海西部高温高压测试的工程实践情况

世界海洋石油资源量占全球石油资源总量的 34%。据统计,全球海洋石油蕴藏量达 1 000 多亿吨,其已探明储量约为 380 亿吨。目前全球已有 50 多个国家在进行深海勘探,海上油气田开发、测试已经成为世界石油开发和测试的方向。我国拥有广阔的海洋领土,海洋油气田的开发和测试具有很大的潜力和市场,如我国南海广阔的海域蕴含着极其丰富的天然气资源,根据 2014 年国土资源部《全国油气资源动态评价》调查结果,南海天然气总资源量高达 40 万亿方,在南海北部的莺歌海盆地、琼东南盆地,分布有大量的高温高压区域,是世界知名的海上三大高温高压区域之一,由于高温高压、天然气和井深的特点,加之海上的特殊环境,故钻井施工、完井测试难度极大。

自 20 世纪 80 年代开始至今,南海西部海域莺琼盆地高温高压探井测试工作陆续展开,由于国内技术空白,国际技术封锁,早期南海西部高温高压井测试都是按照常规的测试技术进行设计和施工的。由于对测试工艺、测试流程的认识和控制不足,测试作业期间出现了工具耐温、耐压不足,井筒温度升高引起环空压力上涨,钻井液沉淀,管线冰堵,振动破坏及测试工具失效等问题,造成了测试作业效率低、事故率高、成功率低。随着技术的进步,中国海洋石油总公司(下简称中海油)形成了一套相对有效的高温高压测试工艺。据统计,1984—2015 年,中海油在南海西部海域共完成了 12 口高温高压井的测试作业,先后发现了 EG24-1 气田、EG24-2 气田、JM24-2 气田和 ZD38-2 气田等大中型高温高压天然气田,通过对这些井进行统计分析,可以基本得出南海西部高温高压测试技术面临的挑战,见表 1-1。其中 ZD37-1-3 井最具代表意义,该井是国内第一口海上高温高压测试井,该井测试证实井底地层压力系数为 2.25,井底温度为 203.5 ℃。

表1-1　南海西部高温高压钻完井作业历程中的关键井(气田)

井(气田)号	作业者	开钻年份	最高地层温度/℃	最大钻井液密度/(g·cm⁻³)	关键意义
ME41-1-1A	Arco	1984	241	2.2	南海西部第一口高温高压井
ZD32-1-1	中海油	1990	181	1.88	国内第一口海上自营高温高压井
ZD32-1-3	中海油	1993	206	2.34	国内第一口海上高温高压测试井
ZD37-1-1	Arco	1995	249	2.26	地层温度最高
ZD32-1-4	Chevron	1998	197	2.38	钻井液密度最大
EG24-1-11	中海油	1999	171	2.29	测试获得高产油气流
EG24-1(气田)	中海油	2014	141	1.96	国内首个海上高温高压气田开发项目

1.1.2.2　南海西部高温高压测试作业做法

(1) 测试液选择。

测试液的性能是高温高压井测试成功的关键因素之一。抗高温水基测试液一般有两大类，即复合清洁盐水和钻井(完井)液。高密度的清洁盐水体系成本高，配制工艺复杂，现场应用较少。海上一般对钻井液进行研究改造，调配出符合测试工艺要求的测试液，其性能达到：密度 $1.8\sim2.08$ g/cm³，抗温 $150\sim200.6$ ℃，可静置 $7\sim10$ d，具有高温失水小、黏切变化小、悬浮效果好、流动性能好、测试期间环空传压性能良好、保护油气层效果好的特点。

(2) 管柱结构。

早期的海上高温高压典型测试管柱如图 1-1 所示，采用插入式永久封隔器工艺，主要管柱结构为：测试控制头＋油管＋RD 安全循环阀(无球)＋RD 安全循环阀(有球)＋LPR-N 测试阀＋外挂电子压力计＋油管＋外挂电子压力计＋插入定位接头＋插入密封＋射孔枪。其中永久封隔器一般通过电缆下入并坐封，相比可回收封隔器，永久封隔器上部测试管柱与封隔器之间不存在硬性接触，不需要配重，且可以减少管柱中工具丝扣的使用，降低管柱泄漏风险。测试结束后只需上提测试管柱使密封短接脱离密封筒即可，最大限度地减少了可回收式封隔器在高密度测试液中由于固相沉积被卡以及坐封配重工具不具备气密扣泄漏的风险。

现有的测试工艺在应用中存在操作困难的问题，其中有 2 个问题制约着工艺的使用条件。

① 在坐封永久封隔器之后，下入测试插入管柱，考虑到管柱在测试过程中的伸缩，一般插入密封短节不会全部压入密封筒内，这样该管柱中就不能设置液压式的旁通工具。在下插过程中测试阀如果处于关闭状态，插入

图 1-1　早期海上高温高压区典型测试管柱结构示意图

油管
放射性记号
油管2根
变扣接头
RD循环阀(无球)
变扣接头
油管1根
变扣接头
RD循环阀(有球)
泄压阀
LPR-N测试阀
压力计托筒
变扣接头
油管2根
变扣接头
压力计托筒
变扣接头
短油管1根
插入密封定位
插入密封
FB3永久封隔器
插入密封短节

密封短节进入密封筒后,封隔器以下空间就成为密闭空间。这样继续插入就会对密闭空间中的测试液进行压缩,而液体的可压缩性有限,势必造成密闭空间压力上升,对下插管柱产生向上的抬升力,影响管柱的正常插入。如果想消除这种影响,通常的做法是将测试阀设定为开启状态入井,这样通过测试管柱就可以泄掉下插过程中产生的封闭压力。但是这样一来,整个测试管柱由于测试阀开启,无法通过灌入液垫的方式来设置生产压差,对于一些需要诱喷的界限层只能通过连续油管气举来实现。而安装连续油管设备和气举作业则耗费相当的作业时间,并产生巨额的作业和综合费用。另外,测试阀开启状态下入井,测试管柱无法通过测试阀试压,需要增加单独的试压阀。

② 目前海上测试所用的主流测试工具是 APR 测试工具,测试作业中的开关井、井下工具取样、反循环管柱流体等一系列的井下动作都需要通过操作环空压力来实现,通过不同井下动作实现不同阶段的测试目的。由于井下动作多样,需要将操作压力设置成不同的响应值,以便实现对井下工具安全、合理的操作。APR 常规测试阀开井期间需要环空始终保持开井操作压力,对于高温高压井来说,流体温度明显偏高,如果伴随高产量地层流体,带来的温度效应会相当明显,将造成管柱和环空液体温度显著上升。密闭环空中的液体温度上升会造成压力的上升,如果泄压不及时,一旦达到下一级井下动作的控制压力,测试状态将被中断,有可能造成整个管串功能报废。如果对环空压力采取泄压处理,一旦泄压操作掌握不好,会造成意外关井,中断测试。如果管柱中带有OMNI 阀,由于其自身操作特性,环空频繁地泄压,可能引起OMNI 阀自动换位,造成测试失败。另外,如果维持环空压力则需要长期关闭防喷器,在高温下长期工作将会导致防喷器闸板胶皮严重老化,容易诱发泄漏风险,给井控作业埋下隐患。

鉴于以上原因,对现有的测试工艺进行改良,以适应高温高压井的特点,减少作业风险,保证作业成功率。通过对现有工艺及测试新工具的综合分析,对现有的海上高温高压井测试管柱进行了调整,改进后的工艺增加了 RD 旁通试压阀,用选择性测试阀替代 LPR-N 测试阀。管柱结构如图 1-2 所示。

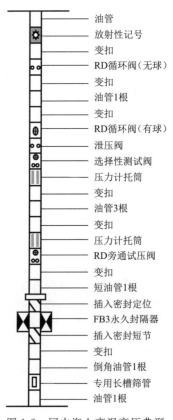

图 1-2 国内海上高温高压典型
测试管柱结构示意图

① 增设 RD 旁通试压阀。RD 旁通试压阀是利用 RD 循环阀的原理进行改良的产品,其工作过程与循环阀正好相反,工具入井时,球阀关闭、旁通孔开启,通过旁通孔实现管柱内外连通,泄放球阀下部由于管柱插入形成的高压。开井前通过环空压力操作,击碎破裂盘,心轴下移关闭旁通孔,实现测试管柱与环空的隔绝,同时工具上部球阀开启进入测试状态。RD 旁通试压阀结构如图 1-3(彩图 1)所示。

除了旁通功能,该工具还具备试压功能。由于入井时球阀处于关闭状态,在管柱入井的任何时候都可以对该阀之上的整个管柱密封性进行检验,这对于高温高压井来说至关重要。

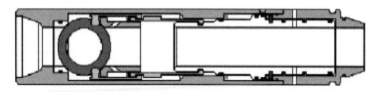

图 1-3　RD 旁通试压阀结构示意图

② 用选择性测试阀替代 LPR-N 测试阀。选择性测试阀是哈里伯顿公司在 APR 测试工具中的又一力作,属于第四代测试阀,该工具除了具备常规测试阀的多次开关井功能之外,还具备锁定功能。其结构如图 1-4(彩图 2)所示。

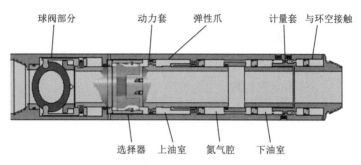

图 1-4　选择性测试阀结构示意图

使用过程中,通过环空施加一定值的操作压力可以将球阀锁定于开启状态,一旦锁定则不再需要维持环空压力。解除锁定状态只需通过环空施加解锁压力即可。其操作原理如图 1-5 所示。

在高温高压井测试中使用选择性测试阀有如下优点:

a.通过其锁定功能,在开井后将其功能位置锁定于开井状态,环空泄压打开防喷器,这样套管和测试管柱之间的环空由封闭空间变成开放空间,开井后高产流体所带来的环空和管柱温度上升则不会对环空压力造成影响,避免了井下功能阀的意外操作,消除了高温对闸板胶皮的损害。

b.如果在选择性测试阀以下设置循环阀,则反循环点位置较常规更低,可节约压井时间,降低成本,增加安全系数,在高温高压井和高含气井测试中该优点更为突出。

c.在一些特殊井作业中可以在锁定状态下取代 RD 旁通阀,解决插入或起出测试管柱存在压差阻力的问题,从而简化管柱设计,减少风险。

图 1-5　换位器操作原理示意图
A—常规操作点;
B—加锁定压力开井点;
C—锁定压力释放开井点;
D—加锁定压力锁定解除点

（3）射孔工艺。

在海上探井建井过程中,出于安全考虑,常采用正压钻进,并在下套管封隔后才进行测试,这样,钻井液、水泥浆对油气层的近井带造成污染在所难免。在以往探井地层测试中,通常使用油管传输与测试联作工艺,在负压条件下射开油气层,以克服油气层污染对测试资料的影响。

受射孔枪孔密、穿深以及射孔造成的孔道壁压实带等的影响,常规的射孔技术很难解除近井带污染。近年来,在常规射孔的基础上,逐渐将国内陆上复合射孔技术推向海上高温高压井测试层,形成了复合射孔与测试联作工艺。该工艺通过对射孔器材的改进、复合固体推进剂火药的合理配置和测试管串的优化,将复合射孔与DST测试工具联合起来作业,实现一趟管串完成射孔和测试,在安全的前提下,有效地消除或减少了污染对测试资料的影响。

(4)地面测试工艺。

高温高压完井放喷期间井口压力高,流程易形成水合物,出砂冲蚀、流程振动、平台热辐射等问题较多,加上海上平台空间受限,安全隐患大。针对这些特点,设计了一套适合海上高温高压的地面放喷流程,以满足海上受限空间、大产量、长时间测试的安全需要,具体如图1-6所示。该流程主要配置设备有:地面采气树、分流管汇、节流管汇、蒸汽热交换器、三相分离器、ESD(应急关断)设备、数采设备、出砂监测设备、振动监测设备。

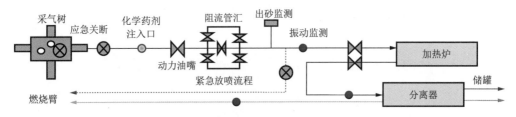

图1-6　海上高温高压测试流程示意图

该地面流程具备以下安全要求:① 配备紧急关井系统及数据自动采集系统。紧急关井系统控制点应不少于4个,宜设置在易操作的工作区、生活区和逃生通道等。② 测试分离器和油嘴管汇之间加入高低压关断装置及配套的泄压装置和放空管线。③ 油嘴管汇之前有一条专用紧急放喷管线。④ 油嘴管汇前设有化学药剂注入、数据采集录入等接口。⑤ 油嘴前高压流程尽量采用法兰连接方式,若预测井口压力超过55 MPa或井口温度连续72 h超过100 ℃,地面高压部分流程的连接应采用金属密封。⑥ 具有排污系统,能及时清除测试过程中的固相颗粒(砂砾、陶粒砂、铁矿粉等)和水合物,避免损坏地面设备,保证施工连续进行。

1.2　高温高压井测试特点及面临的技术难点

1.2.1　高温高压井测试特点

从国内外的测试特点来看,高温高压井具有压力高、温度高、产量高、埋藏深的特点,部分井还高含硫化氢和二氧化碳等腐蚀性气体,作业风险高、难度大。

1.2.1.1　压力高

在不同地区,存在绝对压力高、压力系数高、操作压力高等不同压力问题。如国内莫深-1井、国外BLACKBEAR油,井底压力均超过140 MPa,井口压力超过100 MPa;部分地层绝对压力不高,但压力系数高,如南海西部东方中深层,绝对压力不到70 MPa,但压力系数达1.9~2.1。

1.2.1.2 温度高

陆上一般地温梯度较小,但深井井底温度仍然会超过 175 ℃;海上高温高压井与陆上较大的区别是温度梯度大,4 000 m 左右的深井井底温度即有可能超过 200 ℃。

1.2.1.3 产量高

迪那 2 井测试,凝析油产量 1 313 m³/d,气产量 218×10⁴ m³/d;海上 EG24-2-1 井测试,天然气放喷产量 120×10⁴ m³/d,井口温度超过 100 ℃,受井口耐温能力限制未能继续放高产量;海上 MT28-2 井最大测试流量超过 150×10⁴ m³/d,其振动、噪声、放喷火炬热辐射对地面测试流程及平台安全提出了挑战。

1.2.1.4 地层流体性质的不确定性

在高温高压条件下,地层流体在测试作业所建立的通道内向地面流动的过程中呈现难以确定的复杂相态变化,甚至在地面流程中发生冰堵,地层流体流动状态及相态变化的复杂性也使得整个测试系统的设计缺乏确切的依据。在许多情况下高温高压气井的地层流体中还含有硫化氢和二氧化碳,例如,国内川东卧龙河气田三叠系气藏最高硫化氢体积分数达32%(493 g/m³),普光气田天然气中的硫化氢体积分数高达 15%、二氧化碳体积分数为 8%左右。南海西部某气田,最高二氧化碳分压接近 30 MPa,不但对测试工具和井口设备具有腐蚀作用,而且一旦发生泄漏扩散还会对人员造成伤害。此外,含砂的高压地层流体在向地面快速流动过程中还会对测试通道形成强烈的冲蚀作用,使管柱和井口设备在短期内失效。

地层流体的不确定性还表现在流体密度、黏度等性能指标难以准确估算,导致无法保证完井、射孔和诱喷过程中准确地把握地层流体压力大小,进而安全地进行各项作业,并测试出地层的产能以及流体的各项性质。

1.2.1.5 井深

高温高压井普遍埋深超过 4 000 m,我国陆上深井超深井主要分布在塔里木盆地、准噶尔盆地、四川盆地等地区,四川龙岗气田气层埋深 6 000 m 以上,克深气田超过 8 000 m;东海、渤海和南海均有气田超过 5 000 m。深井超深井地质条件十分复杂,钻井存在地层压力系统多、压力窗口窄易出现涌、漏,裸眼段长,井壁稳定性条件复杂,深部地层岩石可钻性差等难点。对测试来说,需要在井口高温高压高产条件下实现安全放喷、关井进行压力恢复等,射孔器材、井下工具、油管、地面流程控制设备及系统面临严苛的考验,一旦出现泄漏就面临失控、火灾、爆炸等风险,而且海上钻井平台还面临恶劣海况、天气等,风险之大可谓达到极点。

1.2.2 海上高温高压井测试面临的主要技术难题

综上可知,高温高压井测试已有超过 30 年的历史,测试井包括深井、超深井、高含硫和(或)高含二氧化碳井、高产井、低孔低渗低产井、高孔高渗高产井等,从井下工具组合到测试管柱强度校核,再到地面测试流程和测试安全系统性控制技术等都已有较为深入的研究,积累了较为丰富的理论和实践经验。从低孔低渗深井改造到高孔高渗防砂测试,从富含凝析油到高品质干气,从高含硫到高含二氧化碳气井测试均有大量的成功作业案例。但高温高压井特别是海上高温高压气井的测试尚存在许多技术难题。

1.2.2.1 测试基础理论、设计规范不完善

设计对确保测试系统安全有着关键性的影响。而高温高压深井,尤其是海上超高温高压深井的测试基础研究仍然薄弱,缺乏足够的理论及方法支撑,缺乏成熟的设计规范,这种状况会导致测试设计存在突出的缺陷而引发安全事故。

1.2.2.2 地层出砂问题

海上高温高压井出砂问题突出。一方面深海地层本身压实不足,另一方面高地层压力使地层岩石骨架的压实作用降低,开井诱喷和测试时井口时开时关,极易导致地层出砂甚至因垮塌或地层严重出砂而被迫终止测试。出砂将加剧对测试工具等的冲蚀,增大测试风险。影响地层出砂的因素很多,控制测试压差是防止地层出砂的关键。

1.2.2.3 油层套管保护问题

高温高压井测试时套管可能或同时承受高温、高压、高酸性气体分压等作用,部分深井钻井井身结构及套管强度等受现有条件限制,不能完全满足测试要求,增加了测试的难度和风险,测试过程中如何保护油层套管成了测试中的一大技术难题。油层套管可能面临的风险表现为:

(1)套管密闭环空。一方面,各层套管间存在密闭环空;另一方面,测试管柱入井、封隔器坐封后环空将形成一密闭空间。测试期间由于温度升高,密闭空间中气体体积膨胀导致压力升高,可能造成套管挤毁或封隔器失效。

(2)温度升高引起套管轴向力变化。极端温度情况下,套管轴向热膨胀,导致轴向压力上升,引起上顶井口。

(3)套管剩余强度不足,在替入低密度的完井液时套管出现变形,造成全井报废的恶性事故。

(4)封隔器窜漏或损坏失封时,环空压力突然升高,导致表层套管破裂,憋裂地表地层,平台四周冒气。

(5)在酸性气田高温高压井中,油层套管在承受最高关井压力时还需要同时满足防腐要求。

由于以上因素的限制或约束,既要控制好油压值和套压值,防止将测试管柱挤毁或压坏,同时还需控制好测试过程中封隔器承受的压差,防止封隔器窜漏而导致封隔器之上的油层套管受压,因此压力操作窗口必须精确计算、严密控制。

1.2.2.4 测试工具或设备的耐压耐温能力问题

高温高压条件使得井下测试工具、井口设备和地面流程系统的工况变得十分恶劣,易导致封隔器、射孔器材、井口设备和测试传感器等的可靠性存在问题,测试作业中器材失效、管柱异常变形、泄漏等问题时有发生,造成重大时间和经济损失,给测试作业带来了很大风险。

(1)目前国内尚未建立起针对高温高压井测试的工具和设备性能评价技术体系,使得测试设计在工具和设备选择上缺乏充分的依据。测试设备选择不当,很有可能导致其无法适应在高温高压条件下进行的测试作业,造成设备因刺穿、腐蚀等而失效,甚至造成井口失效,带来严重的后果。

(2)井口压力可能达到井口设备的额定工作压力,此时井口必须放压。试采时,井口时开时关,极易导致地层垮塌或地层严重出砂而被迫终止测试。

（3）油管输送式射孔的火工器材在高温条件下性能不稳定,易导致射孔火工品在下钻过程中自行燃爆,造成返工。

（4）井下关井阀在高温高压条件下关闭不严,取不到合格的地层压力资料。

（5）机械压力计时钟停走或走速不均匀的故障时有发生。电子压力计也不能长时间在高温高压条件下稳定工作,影响资料录取。

此外,高温高压条件也提高了完井液密度的选择要求和关井作业的难度,使得整个测试作业复杂化。

1.2.2.5 测试管柱安全性问题

测试管柱需要解决的难题是怎样进行油管选材、强度分析、井下工具选择、气密封可靠性分析及其他配套工具分析,从这些分析中总结出管柱结构设计的原则和方法,优化组合出适合高温高压深井测试的测试管柱。其主要安全性问题表现为:

（1）与陆上测试不同,海上测试,尤其是深水测试,一般采用浮式钻井平台进行作业。处于海上环境受风、浪、流等环节载荷影响的浮式钻井平台,会发生升沉和漂浮等复杂运动,加上海水段隔水管的约束作用,海上测试管柱特别是泥线以上测试管柱的力学行为异常复杂,给海上测试管柱设计带来了很大的困难。

（2）管柱变形问题。测试时井口时开时关,测试管柱承受的压力、温度变化很大,特别是深水高温高压井,引起的管柱变形量更大,对测试管柱强度提出了更高的要求。

（3）气密性问题。高温高压对井口控制设备、油管、井下工具、套管等的密封性提出了更高的要求。

（4）深井管柱强度问题。深井测试管柱下入深度大,高温又会降低管柱的强度,不同工况特别是封隔器解封时管柱承受载荷很大,抗拉安全性降低。

1.2.2.6 安全监测问题

已有的测试经验表明,建立完善的地面监控系统对于及时有效地控制地面流程出现的复杂情况,防止井喷和冰堵引发的火灾、爆炸或危险气体泄漏扩散事故有着至关重要的影响。而现有的监控系统存在某些方面的不完善,在实际作业过程中,可能无法及时反映所出现的紧急情况,延误应急救援时间。例如,对产量、流压、温度控制不当,或换热器供热不足,可能会使地面测试流程内形成天然气水合物,堵塞地面测试流程,对地面设备和人员安全造成极大威胁。放喷时地层流体携带的砂粒高速运动,极易刺坏针阀、油嘴管汇,使下游压力突然增高,威胁下游设备安全和人身安全。因此,需要对关键节点如测试井口、测试软管、油嘴等处的压力、温度、含砂量进行准确监测。

1.2.2.7 操作问题

（1）深井条件下压井液传压性能变差,给环空地面加压操作带来假象,使工具操作失误。

（2）循环阀一般安装在封隔器上方,循环压井时封隔器以下油气不能被完全置换。起钻时这部分油气随着压力的减小而膨胀,到达井口时将非常危险,极易引起火灾。

（3）深水测试时,测试管柱与地面油嘴节流处可能存在水合物,特别是在关井后重新启动时,水合物很快就会在海底附近的井筒中形成。

（4）高温高压井测试工艺原则上要求简单可靠,但在复杂储层,尤其是存在漏、涌的储层或者储层物性较差时,仍然需要采取一定的工艺措施进行酸化、压裂等储层改造措施。在海上高温高压深水井测试,则面临严峻的管柱内外水合物、防砂、冲蚀等问题,需要采取特殊的工艺、措施进行预防和处理。

1.2.2.8 测试作业过程安全管理经验问题

世界范围内,海洋高温高压区有3块:英国北海、墨西哥湾和中国南海莺琼盆地。成功在高温高压区域进行的测试案例很少,而中国南海在该领域的经验更是稍显不足。从测试方案的设计、测试设备的选择、测试作业的实施、安全管理系统的建立等各方面均处于起步状态,因此,测试管理经验的不足也客观制约了测试作业的顺利进行。

1.2.2.9 测试系统整体优化设计问题

海上测试受空间及海况条件限制,无法实施大型改造措施,难以完全满足地质对测试产能求取的要求。为了避免测试过程中对海上测试系统(测试管柱与地面流程)的频繁调整,需要对测试系统进行整体优化,但优化系统设计工作量和技术难度大,目前尚缺乏系统的设计软件。为此,应从保证储层安全、井筒安全及地面安全出发,开展系统的理论研究,开发测试决策系统软件,从以下方面对测试系统进行整体优化:

(1)测试管柱与地面流程的钻前决策。

钻井前,根据地质勘探资料和油藏提出的测试、取样方案,结合钻井、完井方案,提前进行测试管柱与地面流程的决策,优选合理的测试工具与管柱组合,优选地面测试流程与设备,以便进行物资、设备等的准备。

(2)测试管柱与地面流程的钻后优化调整。

钻井完成后,油藏部门根据钻井、测井获取的地层资料有可能对测试方案进行调整。为此需要在钻前决策方案基础上,对测试管柱与地面流程进行相应的优化调整。

(3)测试管柱与地面流程的流动仿真。

对优化选择的测试管柱、地面测试流程进行流动仿真,以确定不同测试方案下的井底—井口—火炬口全流程各关键节点的压力、温度、流量、流速等流动参数。

(4)测试管柱与地面流程的流动保障。

对不同测试方案下的井底—井口—火炬口全流程进行水合物、冲蚀、携液能力、地面流程振动、噪声、热辐射等流动保障分析,以评价测试管柱与地面流程的可行性和可靠性,并对可能存在风险因素的部位进行入井前的最后调整;若经过分析测试管柱或地面流程不能满足测试方案要求,则需要将结果反馈给油藏部门以进行测试方案的必要调整。

(5)测试数据的实时跟踪分析。

根据测试过程中获取的井口、油嘴等关键节点的压力、温度、流量等实时数据,推算地层压力与测试压差,为测试制度的调整、油嘴直径的进一步优化提供实时指导。

第 2 章　高温高压气井储层出砂预测

对于高温高压气藏来说,由于生产压差过大,造成地层出砂,破坏了地层的构架,造成出砂—破坏—加剧—坍塌的恶性循环,导致测试井筒以及地面测试设备出现复杂事故,从而使得高温高压气藏测试环境复杂化。

因此,如何做到既合理控制测试生产压差又最大限度提高测试产量,对高温高压储层出砂机理、影响出砂的因素、出砂预测的研究和优化就变得尤为重要。

2.1　出砂机理

2.1.1　出砂对测试作业的危害

出砂是指油气开采或测试过程中,砂粒随流体从油气层中运移出来的现象。出砂是一个带有普遍性的复杂问题,而其中弱固结或中等固结砂岩储层的出砂现象尤为严重,从而给气井测试作业带来极大困难,诸如:

(1)地面和井下设备磨蚀。储层出砂使得气井产出流体中含有地层砂,而地层砂的主要成分是二氧化硅(石英),硬度很高,是一种破坏性很强的磨蚀剂,能使油管、测试工具、地面设备产生严重冲蚀,从而被迫降低气井测试产量,影响地质资料的获取,更有甚者,使气井测试不得不停止,被迫起出受损的油管、测试工具以及对地面测试设备进行维修或更换,造成成本上升。

(2)套管损坏,气井报废。最严重的情况是随着地层出砂量的不断增加,套管外的地层孔穴越来越大,到一定程度往往会导致突发性地层坍塌。套管受坍塌地层砂岩团块的撞击和地层应力变化的作用受力失去平衡而产生变形或损坏,这种情况严重时会导致气井报废。

(3)安全及环境问题。出砂引起的管道渗漏或设备失效还会引起严重的安全问题和溢出事故,尤其是在海上或地层有水的地方。此外,地层砂产出井筒,会对环境造成污染,尤其是海洋油气田更为环境保护法规所制约。

2.1.2　储层出砂机理分析

储层出砂通常是由于井底附近的岩层结构遭受破坏而引起的。从力学角度分析储层出砂有 2 种机理,即剪切破坏机理和拉伸破坏机理。前者是炮孔周围应力作用的结果,与过低的井底压力和过大的生产压差有关;后者则是测试过程中流体作用于炮孔周围地层颗粒上的拖曳力所致,与过高的开采速度或过大的流体速度有关。这2种机理相互作用,相互影响。除上述2种机理外,还有微粒运移出砂机理,包括地层中黏土颗粒的运移,因为这会导致井底周围地层的渗透率降低,从而增大流体的拖曳力,并可能诱发固相颗粒的产出。

2.1.2.1 剪切破坏机理

在未打开储层之前,地层内部应力系统是平衡的;打开储层后,在近井地带,地层应力平衡状态被破坏,当岩石颗粒承受的应力超过岩石自身的抗剪或抗压强度时,地层或者塑性变形或者发生坍塌。在地层流体产出时,地层砂就会被携带进入井底,造成出砂。

图 2-1 所示是射孔造成弱固结的砂岩破坏示意图。射孔使炮眼周围往外依次可以分为颗粒压碎区、岩石重塑区、塑性受损区及变化较小的较小受损区。远离炮眼的 A 区是大范围的弹性区,其受损小;$B_1 \sim B_2$ 区是一个弹塑性区,包括塑性硬化和软化,地层具有不同程度的受损;C 区是一个完全损坏区,岩石经受了重新塑化,近于产生完全塑性状态的应变。紧挨炮眼周围的岩石受到剧烈震动被压碎,一部分水泥环也受到松动损害。从力学角度分析,这种条件下的储层出砂机理为剪切(压缩)破坏机理,力学机理是近井地层岩石所受的剪应力超过了岩石固有的抗剪切强度。

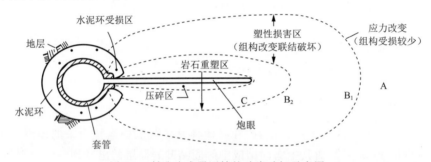

图 2-1 射孔造成弱固结的砂岩破坏示意图

对于高温高压测试来说,形成剪切破坏的主要因素是生产压差过大,超过岩石的强度,造成地层的应力平衡失稳,形成剪切破坏。由于井筒及射孔孔眼附近岩石所受周向应力及径向应力差过大,造成岩石剪切破坏,离井筒或射孔孔眼的距离不同,产生破坏的程度也不同,从炮眼向外可依次分为:颗粒压碎区、岩石重塑区、塑性受损区及变化较小的较小受损区。若岩石的抗剪切强度低,抵抗不住孔周围的周向、径向应力差引起的剪切破坏,井壁附近岩石将产生塑性破坏,引起出砂。

2.1.2.2 拉伸破坏机理

拉伸破坏是地层出砂的另一机理。在开采过程中,流体由油藏渗流至井筒,沿程会与地层颗粒产生摩擦,流速越大,摩擦力越大,施加在岩石颗粒表面的拖曳力越大,即岩石颗粒前后的压力梯度越大,如图 2-2 所示。

流体对岩石的拉伸破坏在炮眼周围是非常明显的,由于过流面积减小,流体在炮眼周围形成汇聚流,流速远大于地层内部。

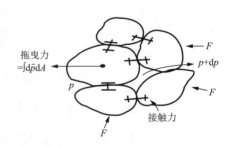

图 2-2 拉伸破坏微观模型示意图

实际上,剪切和拉伸 2 种机理将同时起作用且会相互影响,受剪切破坏的地层会对流体的拖曳力更加敏感。在剪切破坏是主要机理的情况下,流体流动对携带颗粒入井也会产生重要影响。

一般来说,地层剪切破坏引发地层的"突发性大量出砂",而拉伸破坏引起地层"细砂长流"。出砂使孔穴通道增大,而孔穴增大又导致流速降低,从而使出砂有"趋停"趋势。因此,拉伸破坏有"自稳性"效应。

2.1.2.3　微粒运移

疏松砂岩油藏地层内部存在着大量的自由微粒,在流体流动时,微粒会在地层内部运移,直至井筒。如果这些微粒被地层孔喉阻挡,会使流体渗流阻力局部增大,进而增大流体对岩石的拖曳力,未被阻挡的更细微粒将随流体进入井筒,造成出砂。

2.2　出砂可能性预测方法

出砂预测涉及范围较广,是多学科的组合体,不仅涵盖了岩石力学、弹塑性力学、流体力学、渗流力学等领域的理论,而且受地层力学性质、流体性质、测试工艺等多种因素的影响,所以,出砂预测工作不仅复杂而且相对比较困难。目前常用海上高温高压测试期间出砂预测方法有现场预测法、经验公式及经验图表法、实验室法、理论分析模型法等。

2.2.1　现场预测法

2.2.1.1　岩芯观察

用常规取芯工具取芯,采取肉眼观察、手触摸等方法判断岩芯强度,若一触即碎,或停放数日自行破裂,或可在岩芯上用指甲刻痕,则该岩芯疏松、强度低,在测试过程中易出砂。

2.2.2.2　邻井试油观察

在同一油气藏,邻井测试求产期间,如果发现含有一定数量的地层砂或含砂量较多,则本井测试期间肯定会出砂。如果邻井产量测试时,未发现明显出砂,但仔细检查管柱及工具,发现在接箍台阶处附有砂粒,或者探井底时发现砂面上升,则本井在测试期间可能出砂。

2.2.2.3　岩石胶结物预测

岩石胶结物可分为易溶于水和不易溶于水 2 种。泥质胶结物易溶于水,当油气井含水量增加时,岩石胶结物的溶解降低了岩石的强度,导致储层出砂。当胶结物含量较低时,岩石强度主要由压实作用提供,对出水因素不敏感。

2.2.2　经验公式及经验图表法

2.2.2.1　声波测井法

纵波测井速度反映储层的胶结强度,纵波速度越小,储层出砂可能性越大。现场经验表明,如果纵波测井时差小于 $95\ \mu s/ft$,则该储层开采过程中不易出砂;反之,储层出砂可能性较大,需要采取防砂措施。根据各储层的测井声波时差,可以评估各储层出砂的可能性。

2.2.2.2 B 指数法

B 指数法未考虑射孔及产液对岩石颗粒拖曳力的影响,出砂指数临界值是根据经验得出的,是多种因素影响的结果。不同油田的出砂指数临界值是不一样的,可以由测井资料计算得出。因此,该方法在一定程度上得到了应用。地层出砂的判定标准为:

$$B = \frac{E}{3(1-2\nu)} + \frac{4}{3}\frac{E}{2(1+\nu)} \tag{2-1}$$

式中　　B——出砂指数,MPa;

　　　　E——由声波测井及密度测井数据求得的岩石弹性模量,MPa;

　　　　ν——岩石泊松比。

$$E = \frac{\rho V_S^2(3V_P^2 - 4V_S^2)}{V_P^2 - 2V_S^2} \tag{2-2}$$

$$\mu = \frac{V_P^2 - 2V_S^2}{2(V_P^2 - V_S^2)} \tag{2-3}$$

式中　　ρ——地层密度;

　　　　V_P——纵波速度;

　　　　V_S——横波速度。

式(2-1)表明,出砂指数 B 大时,岩石的弹性模量就大,故岩石的强度大,稳定性好,不易出砂。经验表明,当油气储层岩石的 $B \geqslant 2.0 \times 10^4$ MPa 时,在正常的生产方式下开采,油气储层不会出砂;$B \leqslant 2.0 \times 10^4$ MPa,开采时将造成出砂。B 越小,出砂越严重,此时应控制生产压差和开采速度。

2.2.2.3 斯伦贝谢法

斯伦贝谢法主要考察剪切模量与体积模量的乘积。石油勘探开发科学研究院应用此方法,将二者的乘积定为 5.9×10^7 MPa² 作为判断是否出砂的定量指标(临界门限值)。斯伦贝谢出砂指数越大,岩石强度越大,稳定性越好,越不易出砂,反之易出砂。斯伦贝谢出砂指数(SR)的计算公式为:

$$SR = K \cdot G = \frac{E}{3(1-2\nu)}\frac{E}{2(1+\nu)} \tag{2-4}$$

2.2.3 数值模型计算

数值计算的对象是介于固结和疏松之间的地层。许多公司在理论模型和数值计算、模拟研究方面已做了大量的工作。本书从目前众多的出砂临界压差模型中选择了 3 种较常用的模型,利用已得到的地应力参数、岩石力学参数、储层压力和相关现场生产数据进行计算。

2.2.3.1 Morita 模型

Morita 等人(1989 年)假设岩石呈理想塑性,随着压力不断衰竭,主要出现的是剪切破坏,在流体流速不是特别大,不存在生产压差突然变化的情况下,利用 Druker-Prager 准则,推导出了一个可以快速估算拟稳态流条件下的临界生产压差模型:

$$\Delta p_{\mathrm{w}}^{\mathrm{max}} = \frac{1}{3-2\left(\dfrac{1-2\nu}{1-\nu}\right)}\left\{-3\,\overline{\sigma_{\mathrm{H}}} - 2T_0 + \frac{2T_0(3+\beta)}{\beta}\left\{\left[1+\frac{B_0+2B_1T_0}{2T_0\,\dfrac{1-\nu}{E}\,\dfrac{3+\beta}{3+2\beta}\sqrt{\dfrac{1}{6}(\beta^2+4\beta+6)}}\right]^{\frac{\beta}{(2\beta+3)}}-1\right\}\right\}$$

$$(2\text{-}5)$$

其中
$$C_0 = \frac{3S_0}{\sqrt{9+12\tan^2\varphi}},\quad C_1 = \frac{\tan\varphi}{\sqrt{9+12\tan^2\varphi}}$$

$$\beta = \frac{6C_1}{\dfrac{1}{\sqrt{3}}-2C_1},\quad T_0 = \frac{C_0}{\dfrac{1}{\sqrt{3}}-2C_1}$$

$$B_0 = 0.02,\ B_1 = 0.008$$

式中　E——弹性模量；

　　　ν——泊松比；

　　　S_0——岩石内聚力；

　　　φ——内摩擦角；

　　　$\overline{\sigma_{\mathrm{H}}}$——平均有效地应力；

　　　B_0，B_1——材料参数。

该模型可以快速对临界压差进行估算，但仅适用于射孔完井的直井，且未考虑流体水动力因素的影响。

2.2.3.2　W-P 模型

Weingarten 和 Perkins(1995 年)提出了一种临界生产压差计算公式，该公式考虑了可压缩流体的影响，其表达式为：

$$\frac{1}{m+1}\left\{p_{\mathrm{d}}^{\mathrm{c}} - p_{\mathrm{fo}}\left[1-\left(\frac{p_{\mathrm{fo}}}{p_{\mathrm{fo}}-p_{\mathrm{d}}^{\mathrm{c}}}\right)\right]^m\right\} = 2C_{\mathrm{o}} \tag{2-6}$$

式中　$p_{\mathrm{d}}^{\mathrm{c}}$——储层的临界生产压差；

　　　p_{fo}——孔隙压力；

　　　C_{o}——单轴抗压强度；

　　　m——流体密度和压力之间的关系。

$$\rho_{\mathrm{f}} = \gamma p_{\mathrm{f}}^m \tag{2-7}$$

式中　γ——常数；

　　　ρ_{f}——流体密度；

　　　p_{f}——相应的流体压力。

对于不可压缩流体来说，如水、油，$m=0$，但对于理想气体来说，$m=1$，则有：

$$p_{\mathrm{d}}^{\mathrm{c}} = 2C_{\mathrm{o}} + p_{\mathrm{fo}} - \sqrt{4C_{\mathrm{o}}^2 + p_{\mathrm{fo}}^2} \tag{2-8}$$

2.2.3.3　经验模型

壳牌(Shell)公司对许多油田的出砂临界压差调查发现：临界压差与单轴抗压强度存在线性关系。国内外的开采经验也表明，临界压差与单轴抗压强度存在以下关系：

$$\Delta p = L \cdot UCS \tag{2-9}$$

式中　Δp——临界生产压差；

　　　UCS——单轴抗压强度；

L——油田经验系数,取值范围 0.3~0.65,根据现场统计结果,一般取 0.5。

室内实验可直接测得地层的单轴抗压强度,对没有取芯的地层则可通过分析处理测井数据来预测地层岩石的单轴抗压强度,进而求出地层出砂的临界生产压差。该模型简单,计算方便,参数易得,还可以计算水侵后的临界压差。但由于考虑参数过少,对于特殊井的情况无法预测。经验关系式的建立需要在开采后统计得到。

2.2.3.4　不同模型预测结果及对比分析

综上所述,各模型均存在不同的假设条件,适用不同井型。由于各模型考虑的参数和使用的出砂判断准则有差异,各模型都存在自身的优缺点,详见表 2-1。

表 2-1　3 种临界压差模型对比

模型名称	适用井型	假设条件	考虑的参数	破坏准则	优　点	缺　点
Morita 模型	射孔完井	岩石呈理想塑性,随着压力不断衰竭,流体流动为拟稳态,主要出现的是剪切破坏	弹性模量、泊松比、内聚力、内摩擦角、三向地应力和岩石的材料参数	Druker-Prager	可以快速进行临界生产压差估计	仅适用于射孔完井的直井,未考虑流体水动力流动因素的影响
W-P 模型 (Vaziri 模型)	任意井型	流体流速过大,导致疏松砂岩发生拉伸破坏而出砂	孔隙压力和单轴强度	拉伸破坏	模型简单,所需参数少	仅从力学的角度考虑,未涉及流体水动力的因素
经验模型	任意井型	统计方法得到的数据可以有普遍的适用性	单轴强度	无	简单方便,参数易得,可以计算水侵后的临界压差	考虑参数过少,对于特殊井的情况无法预测,经验关系式的建立需要在开采后统计得到

2.3　应用实例

根据之前所给出砂可能性的判断方法,对南海 EG24-1 高温高压气田进行出砂可能性预测。

2.3.1　储层出砂可能性预测

出砂指数是预测油气井生产初期是否出砂的有效方法,目前广泛应用的出砂指数有 2 种,即模量和出砂指数、模量积(Schlumberger)出砂指数。依据油田统计分析经验,当储层模量和出砂指数小于 $2.0×10^4$ MPa 时,储层开采过程中出砂;当储层模量积出砂指数小于 $5.9×10^7$ MPa^2 时,储层开采过程中出砂。因此利用测井数据计算储层的出砂指数,进而对储层的出砂可能性进行评价,是油气井设计中确定是否进行先期防砂的重要依据之一。

利用 EG24-1 高温高压气田已钻井的测井数据,对模量和出砂指数及模量积出砂指数进行了计算,并对储层出砂可能性进行了分析。计算结果如图 2-3~2-12 所示。

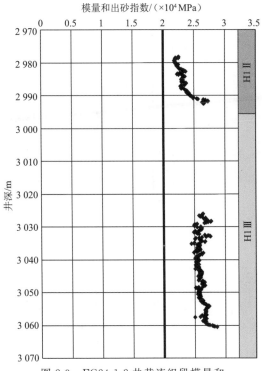

图 2-3　EG24-1-2 井黄流组段模量和
出砂指数计算结果

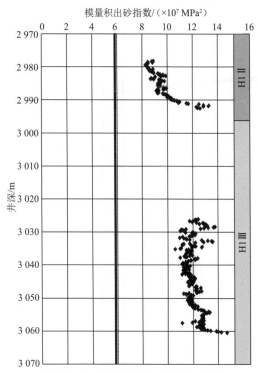

图 2-4　EG24-1-2 井黄流组段模量积
出砂指数计算结果

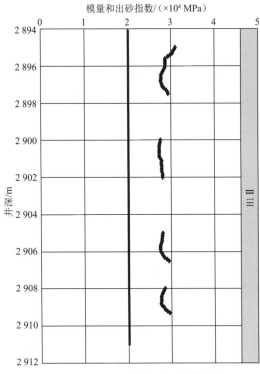

图 2-5　EG24-1-3 井黄流组段模量和
出砂指数计算结果

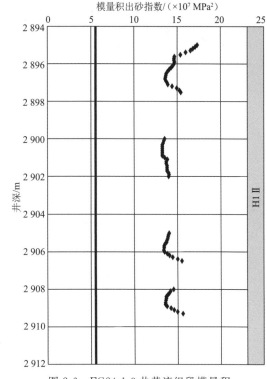

图 2-6　EG24-1-3 井黄流组段模量积
出砂指数计算结果

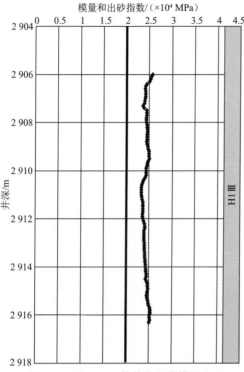

图 2-7　EG24-1-4 井黄流组段模量和
出砂指数计算结果

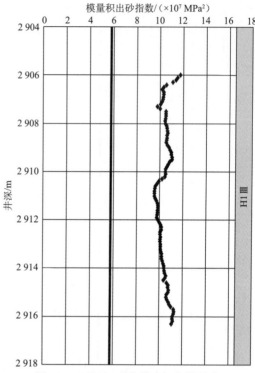

图 2-8　EG24-1-4 井黄流组段模量积
出砂指数计算结果

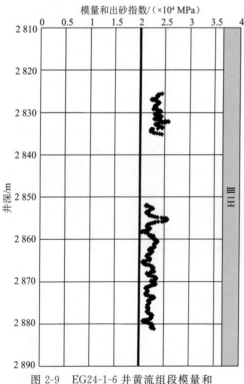

图 2-9　EG24-1-6 井黄流组段模量和
出砂指数计算结果

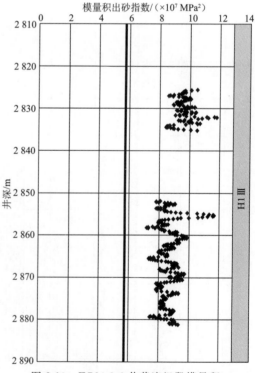

图 2-10　EG24-1-6 井黄流组段模量积
出砂指数计算结果

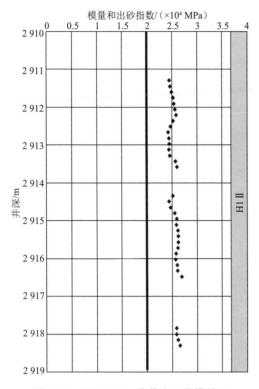

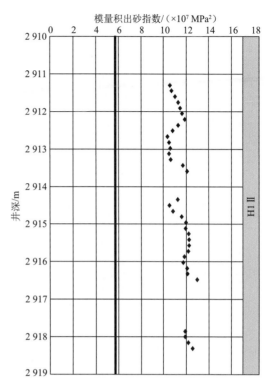

图 2-11　EG24-1-14 井黄流组段模量和
出砂指数计算结果

图 2-12　EG24-1-14 井黄流组段模量积
出砂指数计算结果

由图 2-3～2-12 可知，EG24-1-2 井、EG24-1-3 井、EG24-1-4 井、EG24-1-6 井、EG24-1-14 井各黄流组的模量和出砂指数及模量积出砂指数都远高于其出砂临界值，则各井在黄流组一段的主力开发储层在开采初期不会出砂。

2.3.2　出砂临界生产压差的确定

固结砂岩储层的开采经验表明，当生产压差大于储层岩芯单轴抗压强度的 1/2 时，储层开始出砂。因此，要确定储层出砂临界压差，首先需要对储层的单轴抗压强度进行预测。本研究利用岩芯强度试验结果与测井数据之间的回归确定的单轴抗压强度预测模式，对 EG24-1 油气田地层单轴抗压强度进行了预测，并与实测强度进行了对比，然后利用经验模型分析了各油田储层出砂临界压差。计算结果如图 2-13～2-17 所示。

3 种模型的出砂临界压差预测结果见表 2-2，预测结果显示，Morita 模型预测出砂临界压差最大，W-P 模型次之，经验模型最小。经验模型是根据大量统计数据所得，一般针对疏松砂岩和弱固结砂岩储层。由 EG24-1-4 井 H1Ⅲ油组的 DST 测试结果，生产压差为 39.56 MPa 时未见出砂，说明经验模型过于保守，Morita 模型和 W-P 模型比 DST 测试结果要高，为安全起见，对于高温高压气田采用中间预测值的 W-P 模型比较合理，该模型是针对气藏分析模型，同时该模型已为 BP 公司广泛应用于高温高压气田。

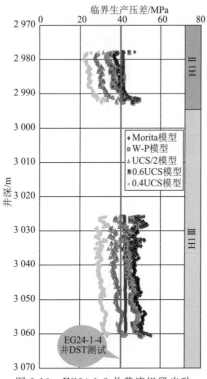

图 2-13　EG24-1-2 井黄流组段出砂
临界压差计算结果

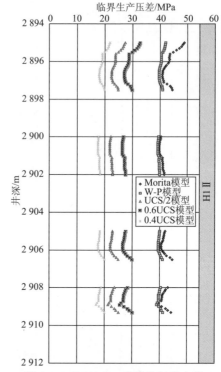

图 2-14　EG24-1-3 井黄流组段出砂
临界压差计算结果

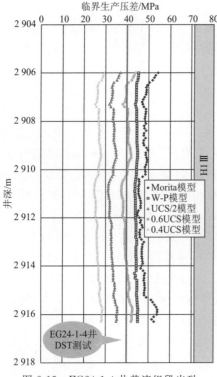

图 2-15　EG24-1-4 井黄流组段出砂
临界压差计算结果

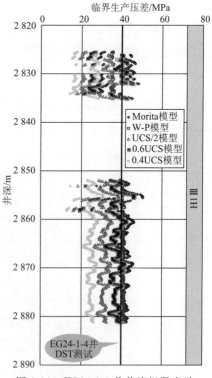

图 2-16　EG24-1-6 井黄流组段出砂
临界压差计算结果

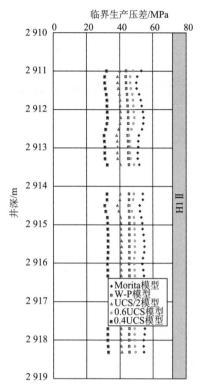

图 2-17　EG24-1-14 井黄流组段出砂临界压差计算结果

表 2-2　EG24-1 高温高压气田各井黄流组段出砂临界压差预测结果

井　号	层　位	出砂临界压差/MPa				
		Morita 模型	W-P 模型	$UCS/2$ 模型	$0.6UCS$ 模型	$0.4UCS$ 模型
EG24-1-2	H1Ⅱ	44.56～45.93	36.74～49.22	27.58～41	33.1～49.2	21.84～32.8
	H1Ⅲ	44.88～55.36	42.52～42.2	34.18～42.2	41.1～50.2	32.68～33.4
EG24-1-3	H1Ⅱ	39.07～48.77	38.98～42.06	21.2～27.22	25.45～32.66	16.96～21.78
EG24-1-4	H1Ⅲ	44.86～54.36	43.94～45.34	31.65～36.6	37.99～43.92	26.66～29.28
EG24-1-6	H1Ⅲ	25.02～50.45	33.49～40.37	15.9～38.12	19.08～45.75	12.72～30.88
EG24-1-14	H1Ⅱ	50.3～55.1	44.2～45.76	39.5～40.8	46.9～48.98	31.5～32.65

第 3 章　高温高压气井测试液技术

测试液是对油气井测试作业中用到的工作液的统称。随着油气勘探开发的重点已由浅层转向深层,测试液的适用条件由低温、低密度向高温、高密度方向发展。因此对于高温高压气井测试,在保证测试作业安全的前提下,还要考虑储层保护,降低测试液对储层的损害,以便准确地评价油气层。

3.1　高温高压储层损害特征

测试液从钻开油气层直到气井正式测试始终与储层接触,因此高温高压测试液体系必须具有优良的储层保护效果。

储层损害机理研究工作必须建立在岩芯分析技术和室内岩芯流动评价实验结果,以及有关现场资料分析的基础上,其目的在于认识和诊断油气层损害原因及损害过程,以便为推荐和制定各项保护油气层及解除油气层损害的技术措施提供科学依据。

3.1.1　储层损害机理

油气层钻开之前,其岩石、矿物和流体在一定物理、化学环境下处于一种物理、化学的平衡状态,钻开以后,钻井、测试、完井、修井、注水和增产等作业或生产过程都可能改变原来的环境条件,使平衡状态发生改变,这就可能导致油气层损害,造成油气井产能下降。所以,储层损害是在外界条件影响下油气层内部性质变化造成的,即可将油气层损害原因分为内因和外因。

3.1.1.1　储层内部损害因素

凡是受外界条件影响而导致油气层渗透性降低的油气层内在因素,均属油气层潜在损害因素(内因),它包括孔隙结构、敏感性矿物、岩石表面性质和流体性质。

(1)储层孔隙特征。

储层孔隙结构参数与油气层损害关系很大。渗透率较高的储层,具有孔隙尺寸较大、连通性较好、胶结物含量较低等特点,所以此类储层受固相侵入造成的损害较大。

对于渗透率较低的储层,其孔隙尺寸较小且连通性较差,胶结物含量较高,这种情况下黏土的水化膨胀、微粒运移和水锁伤害是造成储层损害较大的原因。

(2)储层敏感性矿物。

敏感性矿物与流体接触易发生物理、化学反应并导致储层渗透率下降,因此一般通过岩芯分析准确测定敏感性矿物的含量和产状,基本就能确定储层伤害的类型。

蒙脱石属于水敏感性矿物,与外来流体作用产生晶格膨胀或分散堵塞孔喉并引起渗透率下降。高岭石、毛发状伊利石等属于速敏矿物,容易发生分散运移和微粒运移。

(3)储层压力敏感性。

储层压力敏感性又称为储层应力敏感性。储层应力敏感性就是在开采过程中,由于储层上覆地层岩石压力固定,随着油气的采出,储层的孔隙压力必然下降,这样,上覆岩石压力与储层孔隙压力之间就产生一个更大的正压差,这一压差破坏了储层岩石的原有压力平衡,使储层岩石受到压缩,导致其孔隙度减小和渗率性降低,这一现象就称为储层的压力敏感性。储层岩石的渗透率随上述压差增加而降低得越严重,则认为储层的压力敏感性就越强,引起渗透率大幅度降低的压差称为临界压差 Δp_c。

3.1.1.2　储层外部损害因素

在施工作业时,任何能够引起油气层微观结构或流体原始状态发生改变,并使油气井产能降低的外部作业条件,均为油气层损害外因,主要指入井流体性质、压差、温度和作业时间等可控因素。

(1)水相圈闭损害。

气层水侵损害就是与气层岩石不配伍的水侵入气层后引起的储层渗透率损害。对于矿化度较低的水来说,这种损害可能主要由毛管压力产生的水锁损害所引起;而对于矿化度很高的水而言,当其侵入气层后,一部分小孔道中的侵入水可能因不能被返排出来,而引起储层水锁损害。对于多数大孔道中的侵入水而言,当天然气将侵入大孔道中的水吹出时,能排出一部分盐水,大部分盐水因水分蒸发被排除,剩下的盐分就在储层的孔喉中以结晶形式析出,而析出的盐结晶还带有一部分结晶水和吸附水,气体很难将其带走,因此,可能大大降低储层的渗透率,进而造成严重的水侵损害,而且这种损害也很难解除。

(2)固相侵入损害。

钻井液、测试液的固相颗粒侵入储层造成的损害主要表现为在井眼周围地层内形成的内滤饼对孔隙的堵塞。这种损害是必然的,直到内、外滤饼完全形成之后才会停止。

外来固相颗粒对地层造成损害的机理分为3类:粒径大于地层孔道平均直径1/3的颗粒将在地层岩石的表面或浅层形成稳定的桥堵层,它们不会侵入地层的孔道;粒径为地层孔喉平均直径1/3～1/7的固相颗粒侵入地层孔隙孔道后,易在喉道处形成堵塞;粒径为孔喉平均直径1/7～1/10的固相颗粒侵入地层孔道后,随着侵入液体的深入,流速逐渐降低,最终因重力作用超过流动的力量而沉积,造成深部地层损害。

(3)各种钻完井液、测试液处理剂对储层的损害。

钻完井液、测试液中的高分子处理剂在油气层孔喉上吸附将缩小孔喉直径而造成损害,这在低渗储层更加明显。由于处理剂是钻井液的必要成分,因此,针对油气藏特性,选择适当的处理剂是钻井过程中保护油气层技术的又一重要内容。

3.1.2　南海高温高压储层岩芯分析及潜在损害原因

3.1.2.1　储层岩芯分析

(1)黏土矿物分析。

根据 EG24-1 气田 X 射线衍射和扫描电镜分析结果,主力储层黄流组黏土矿物以伊利石为主,高岭石、绿泥石和伊蒙混层相对含量低,混层比介于10~15之间,为弱敏感地层。具体黏土矿物分析见表3-1。

表 3-1　EG24-1 气田黏土矿物分析

井 号	气组	井深/m	岩 性	黏土矿物质量分数/%				
				伊利石	高岭石	绿泥石	伊蒙混层	混层比
EG24-1-2	黄流组Ⅰ段	2 977.5~3 014.3	粉细砂岩	23~34	39~48	7~9	17~23	15
			泥质粉砂岩	48~50	14~21	6~10	25~26	15
	黄流组Ⅳ段	3 014.3~3 093.0	粉细砂岩	80~92	2~3	1~2	5~16	5~10
EG24-1-3	黄流组Ⅰ段	2 895.5~2 958.0	泥质粉砂岩	29~42	7~21	23~39	20~27	15~20
EG24-1-4	黄流组Ⅰ段	2 851.5~2 906.0	细砂岩	61~68	14~20	1~3	11~19	10
EG24-1-6	黄流组Ⅳ段	2 851.9~2 907.2	粉细砂岩	60~73	12~20	2~6	10~20	10~15

储层黏土矿物相对含量分析结果表明,EG24-1 气田黄流组储层黏土矿物以伊利石、伊蒙混层、高岭石为主,充填在孔隙空间中,无纯蒙脱石。高岭石、伊利石属于速敏性矿物,伊蒙混层属于水敏性矿物,所以储层可能有潜在的速敏、水敏损害。

EG24-1 气田储层含有水化膨胀和分散运移的黏土矿物,入井液滤液的侵入容易引起损害。EG24-1 气田测试液体系在抑制性能和封堵性能方面需要进行针对性的优化,并在钻开储层过程中合理维护性能,进而有效抑制黏土矿物水化膨胀和分散运移对储层的损害。

(2)压汞分析。

压汞分析是利用压汞仪测定岩石毛细管压力曲线,从而确定储层孔喉大小分布的系列特征参数,确定各孔喉对渗透率的影响。压汞法由于其仪器装置固定,测定快速准确并且压力可以较高,便于更微小的孔隙的测量。其测定结果可以用来进行储集层岩石的分类、油气损害机理的分析、钻井测试液的设计、入井流体悬浮固相控制和评价筛选工作液等。

EG24 区块储层压汞数据如图 3-1~3-3(彩图 3~5)所示。

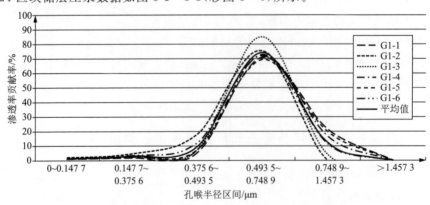

图 3-1　EG24-1-2 井黄流组Ⅰ段不同孔喉直径区间渗透率贡献率

由图 3-1 可看出,对于 EG24-1-2 井黄流组Ⅰ段岩芯渗透率贡献最大的孔喉直径区域位于 0.493 5～0.748 9 μm,平均渗透率贡献率为 74.28%。

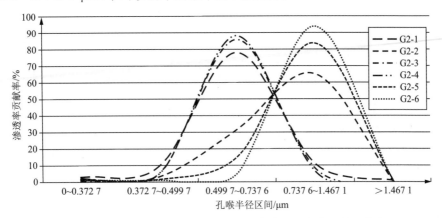

图 3-2　EG24-1-2 井黄流组Ⅳ段不同孔喉直径区间渗透率贡献率

由图 3-2 可看出,对于 EG24-1-2 井黄流组Ⅳ段岩芯渗透率贡献最大的孔喉直径区域位于 0.499 7～0.737 6 μm 与 0.737 6～1.467 1 μm,峰值渗透率贡献率均在 65%以上。

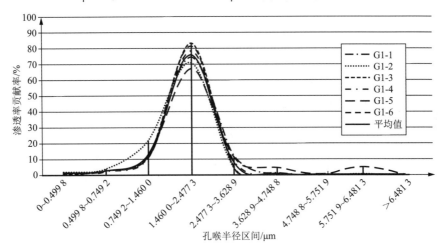

图 3-3　EG24-1-4 井黄流组Ⅰ段不同孔喉直径区间渗透率贡献率

EG24-1-4 井黄流组Ⅰ段不同孔喉半径区间渗透率贡献率峰值在 1.460 0～2.477 3 μm 区间之内,峰值平均渗透率贡献率为 75.93%。

统计以上数据,见表 3-2。可以看出,从保护储层的角度来看,应主要保护的孔喉直径为 0.493 5～2.477 3 μm。

表 3-2　EG24 区块不同孔喉直径渗透率贡献最大值统计表

井　号	层　位	最大渗透率贡献区间/μm	最大渗透率贡献率/%
EG24-1-2	黄流组Ⅰ段	0.493 5～0.748 9	74.28
	黄流组Ⅳ段	0.499 7～0.737 6	78～86
		0.737 6～1.467 1	65～94
EG24-1-4	黄流组Ⅰ段	1.460 0～2.477 3	75.93

压汞分析结果表明,黄流组储层排驱压力为 0.199 4~0.561 3 MPa,最大孔喉半径为 1.467 1~3.688 2 μm,孔喉半径的平均值为 0.426 7~0.683 5 μm,排驱压力较大,最大孔喉半径小,孔喉半径的平均值小,说明岩样的渗透性较差;岩芯的饱和度中值压力高,饱和度中值孔喉半径小,岩石物性一般;均质系数较小,非均质性中等偏强。

因此黄流组储层以粒间孔隙为主,孔隙喉道尺寸较小,属于中孔、低渗-特低渗储层。因此,由于孔喉狭窄,毛细管效应显著,当气、水两相在岩石孔隙中渗流时,水滴在流经孔喉处遇阻,造成储层水锁损害。

3.1.2.2 敏感性评价

岩芯敏感性评价实验是通过岩芯流动实验评价外来因素对储层的损害程度,以便为测试液设计、储集层损害机理分析和制定系统的储集层保护技术方案提供科学依据。

岩芯敏感性实验通常包括速敏、水敏、盐敏、碱敏、酸敏以及应力敏感性评价实验,其目的在于分析储集层发生敏感的各种条件和由敏感性引起的储集层损害程度。

EG24-1 气田储层敏感性评价实验结果见表 3-3。

表 3-3 EG24-1 气田储层敏感性实验结果

敏 感 性		EG24-1 气田	
速 敏	敏感程度	无-中等偏弱	
	临界流速	0.12~1.53 mL/min	
水 敏	敏感程度	强水敏	
	临界矿化度	15 042 mg/L	
盐 敏	敏感程度	弱-中等偏弱	
	临界矿化度	25 000 mg/L	
碱 敏	敏感程度	弱碱敏	
	临界 pH	8.5~11.5	
酸 敏	敏感程度	盐 酸	无-强盐酸敏
		土 酸	中等偏强-极强土酸敏
应力敏	敏感程度	中等偏弱应力敏	

EG24-1 气田黄流组储层速敏性损害在不同井之间存在不均一性,其中储层速敏性损害程度从无速敏损害到中等偏弱速敏损害,临界流量为 0.12 ~1.53 mL/min;具有潜在的强水敏损害、弱盐敏到中等偏弱盐敏损害,临界矿化度为 15 042~25 000 mg/L;碱敏损害在不同井之间存在不均一性,其中储层碱敏损害程度为弱碱敏损害,临界 pH 为 8.5~11.5;盐酸敏损害在不同井之间存在不均一性,由无盐酸敏损害到强盐酸敏损害;均存在土酸敏损害,损害程度由中等偏强到极强;黄流组储层应力敏感性临界应力为 3.5~5.0 MPa,渗透率累计损害率为 35.23%~39.11%,属中等偏弱应力敏损害。但在应力恢复过程中,岩芯的渗透率恢复值仅为 72.82%~75.13%,这说明储层岩石发生了弹塑性变形,储层的孔喉结构发生了变化,应力敏感性所产生的伤害是一种永久性的、不可逆的伤害。对于中孔中渗和中孔低渗的砂岩储层,滤液造成储层的敏感性损害主要表现在水敏、盐敏损害上,其他敏感性也可

能会有微弱的存在。

水敏/盐敏损害是 EG24-1 气田测试液滤液损害储层的主要机理之一。

水敏性损害的预防措施是维持入井流体的矿化度在较高的矿化度水平,平衡地层水矿化度,防止黏土等易水敏矿物因水化膨胀和分散运移造成储层损害。测试液体系应具有良好的抑制性,并尽量降低测试液滤液的活度,防止滤液进入地层而引发泥岩的水化膨胀。

3.2　高温高压测试液体系

3.2.1　高温高压测试液类型

国外对高密度、耐高温完井液的研究较早,从 20 世纪 50 年代开始,到 90 年代逐渐进入成熟阶段。测试液按其组成可分为多种类型,见表 3-4。

表 3-4　测试液的分类

类　型	组　成	
水基测试液	无固相清洁盐水	无机清洁盐水
		有机清洁盐水
	有固相盐水	酸溶体系
		水溶体系
		油溶体系
	改性钻井液	
油基测试液	油包水乳化液	
	纯油分散液	

油基隔热测试液包括油包水体系和合成基体系,具有热稳定性强、腐蚀性小的优点。把油基钻井完井液改性后留下作为测试液是一种既经济又方便的方法。但由于油基测试液会对海洋造成污染,环保难度大,在国内海上气田测试中的应用受到了一定限制。

目前使用最广的高温高压测试液是水基测试液体系,该体系是一种以水为分散介质的完井液体系。水基完井液又可分成 3 类,即无固相清洁盐水、无黏土有固相黏性盐水和改性钻井液。

3.2.2　高温高压水基测试液体系

目前使用最广泛的高温高压水基测试液主要有 2 种常用体系:一种是改性钻井液体系,即将钻井液改性为测试液,达到测试液具备的性能,以满足工程安全的需要。该类测试液具有成本低和施工简单的特点,但没有针对性考虑储层保护需要。另外一种是无固相清洁盐水测试液体系,该体系通过改变盐的种类和加量来调节体系密度,再配合增黏剂、杀菌剂、缓蚀剂、除氧剂等处理剂来实现防腐、保护储层及隔热等功能。有些情况下,还加入降滤失剂来控制滤失,防止滤液进入储层造成损害,保护效果好,但是成本较高。按照所使用盐的类型,可分为无机盐型和有机盐型。

3.2.2.1 改性钻井液体系

将现场钻井液改性成完井液后,不仅可以大幅降低完井试气测试成本,减少环境污染,而且提高了测试液的抗高温稳定性和沉降稳定性,减少了井下复杂事故的发生。

从钻井结束直至开始进行系统测试,改性钻井液要在井下长期高温静置数天乃至数月,必须具备良好的抗高温稳定性和沉降稳定性,保证测试作业完成后封隔器能顺利解封;除此之外,改性钻井液还应具有良好的流动性,使压力能够从地面顺利地传递到井底,这样才能保障试气测试过程中测试工具的正常工作。

因此,改性钻井液必须具备以下性能:

(1)结构伸缩性强。循环状态下改性钻井液能迅速伸展,一停泵其能迅速收缩形成结构,这样既保证了重晶石的悬浮,其本身又具有较好的传导性。

(2)高温护胶性强且耐温时间长,保证改性钻井液不会因为长时间承受高温作用而出现破胶(改性钻井液结构被破坏),造成重晶石沉淀。

(3)高温稳定性强。高温作用下改性钻井液处于一个弱稠化的过程,高温稳定性强可以使其避免在长时间的高温作用下出现胶凝。

3.2.2.2 无机清洁盐水测试液

无机盐水完井液体系不含膨润土及其他任何固相,其密度通过加入不同类型和数量的可溶性无机盐进行调节。选用的无机盐包括 NaCl,$CaCl_2$,KCl,NaBr,KBr,$CaBr_2$ 和 $ZnBr_2$ 等,各种常用盐水基液的密度范围见表 3-5。由于其种类较多,密度可在 $1.0 \sim 2.3$ g/cm^3 范围内调整,因此基本能够在不加入任何固相的情况下满足各类油气井对测试液密度的要求。

表 3-5 各类盐水基液所能达到的最大密度

盐水基液	21 ℃时饱和溶液密度/(g·cm^{-3})	盐水基液	21 ℃时饱和溶液密度/(g·cm^{-3})
NaCl	1.18	$CaBr_2$	1.81
KCl	1.17	$CaCl_2$/$CaBr_2$	1.80
NaBr	1.39	$CaCl_2$/$CaBr_2$/$ZnBr_2$	2.30
$CaCl_2$	1.40	$CaBr_2$/$ZnBr_2$	2.52
KBr	1.20	$ZnBr_2$	2.52
NaCl/$CaCl_2$	1.32		

从表 3-5 可以看出,用于高温高压环境下的高密度无机盐水完井液通常由 2 种以上的盐($CaBr_2$,$CaCl_2$ 和 $ZnBr_2$)混合而成。

(1)$CaCl_2$-$CaBr_2$ 混合盐水体系。当油气层压力要求完井液密度在 $1.4 \sim 1.8$ g/cm^3 范围内时,可考虑选用 $CaCl_2$-$CaBr_2$ 混合盐水液。

(2)$CaBr_2$-$ZnBr_2$ 与 $CaCl_2$-$CaBr_2$-$ZnBr_2$ 混合盐水体系。以上 2 种混合盐水体系的密度均可高达 2.3 g/cm^3,专门用于某些超深井和异常高压井。配制时应注意溶质组分之间的相互影响(如密度、互溶性、结晶点和腐蚀性等)。

(3)对于压力系数超过 2.0 的储层,溴盐完井液是比较理想的工作液,它可以避免用重晶石等材料加重体系带来的高固相的不利影响。

虽然采用无机盐水钻井液体系密度可以高达 2.3 g/cm³,但是当体系的密度达到 1.8 g/cm³ 以上时,所采用的无机盐主要为二价金属阳离子的溴盐,而二价金属阳离子在高温下对聚合物的降解有促进作用,因而体系在高温下的流变性能不容易控制;同时,无机盐水对钻具和套管腐蚀严重。因此该类盐水的使用受到了较大的限制。

3.2.2.3　有机清洁盐水测试液

为了克服无固相清洁盐水腐蚀性强的缺点,国内外主要将有机盐水作为测试液。目前所使用的有机盐包括甲酸盐和乙酸盐,其中乙酸盐应用较少。甲酸盐一般包括 NaCOOH (甲酸钠),KCOOH(甲酸钾)和 CsCOOH(甲酸铯) 3 种盐。由于甲酸铯极其昂贵,目前用作隔离液的情况极其少见。

与无机清洁盐水相比,甲酸盐测试液具有以下独特的性质:

(1)低固相、高密度。甲酸盐测试液能在不加入任何固相加重剂的条件下配制高密度的测试液,密度范围在 1.0～2.3 g/cm³ 之间自由调节。甲酸盐水溶液的物理性质见表 3-6。

表 3-6　甲酸盐水溶液的物理性质

种　类	饱和溶液质量分数/%	饱和密度/(g·cm⁻³)	黏度/(mPa·s)	pH	结晶点/℃
甲酸钠	45	1.34	7.1	9.4	—23
甲酸钾	76	1.60	10.9	10.6	—40
甲酸铯	83	2.37	2.8	12.9	—57

(2)抑制性好,对储层伤害小,有利于保护油气层。甲酸盐测试液具有良好的页岩稳定性,能减少测试液渗入页岩中,降低页岩水化;另外甲酸盐测试液不需要加入黏土和固相加重剂,能最大限度地保护油气层。

(3)独特的抗高温性能。甲酸盐测试液在井下长期高温高压环境下稳定性强,不易发生分解,即使在油套管所含杂质金属的催化作用下可能发生分解,也可以通过加入特定的 pH 缓冲剂(如 $K_2CO_3/KHCO_3$)来有效抑制。

(4)对金属和橡胶无腐蚀。由于甲酸盐溶液呈弱碱性,pH 较易调节,并且不含 Cl^-,Br^- 等侵蚀性离子,故对油套管及井下工具的腐蚀作用很小。

(5)体系生物毒性很小,环保性强。

基于以上优点和特性,甲酸盐隔离液得到了越来越多的应用。由于甲酸盐较贵,因此只有在密度要求较高、井下高温高压或高酸性气田,甲酸盐隔离液才能相对无机盐体系显示出其绝对的优越性。

3.2.2.4　南海高温高压井测试液应用实例

目前南海主要用改性钻井液作为测试液。以 EG24-1-13 井测试液应用为例,该井是南海莺歌海盆地的一口开发评价直井,完钻井深 2 760 m,储层压力系数 1.97～2.02,井底温度 138 ℃。

对完钻钻井液进行小幅处理,使其达到测试液的性能要求(见表 3-7):

(1)适当上调钻井液的黏切力(黏度为 50～60 s,终切力大于 15 lbf/100 ft²,MBT 膨润土质量浓度 22～24 kg/m³),以保证长时间静止状态下重晶石的悬浮。

(2)适当提高钻井液中抗高温材料的浓度以增强测试液的抗温性。

（3）提高测试液中抑制剂的质量分数（由1%提至2%）和防塌剂的质量分数（>1.5%），以加强上部泥岩井段的井壁稳定性。

现场测试液的配方：<24 kg/m³ 膨润土粉＋5.0～8.6 kg/m³ 烧碱＋1.5～2.9 kg/m³ 石灰＋1.5～3.0 kg/m³ 抗高温共聚物＋30～50 kg/m³ 氯化钾＋15～21 kg/m³ 有机树脂＋20～28 kg/m³ 褐煤树脂＋10 kg/m³ 磺化沥青＋0.85～1.5 kg/m³ 生物聚合物。

表 3-7 测试液热滚性能试验结果

性　能	1号测试液		2号测试液		3号测试液	
	基　浆	180 ℃老化 120 h	基　浆	180 ℃老化 120 h	基　浆	180 ℃老化 120 h
密度/(g·cm⁻³)	1.95	1.96	2.05	2.04	2.15	2.16
黏度/(s·qt⁻¹)	47		50		57	
PV/cp	31	42	34	45	38	57
YP/[lbf·(100 ft²)⁻¹]	18	27	16	23	16	27
初切力 /[lbf·(100 ft²)⁻¹]	6	11	6	13	8	13
终切力 /[lbf·(100 ft²)⁻¹]	13	32	17	38	15	47
API滤失量 /[mL·(30 min)⁻¹]	5.4	8.6	5	10.8	4.8	8.6
HTHP滤失量 /[mL·(30 min)⁻¹]	10	17.8	9.6	20	11.8	21.2
pH	10	9.2	10	9	10.5	9.3
MBT膨润土质量浓度 /(kg·m⁻³)	19	19	17.6	18	18	18
杯底是否有重晶石沉降	无	无	无	无	无	无

EG24-1-13井测试现场作业显示：测试过程中压力传导正常，井下工具阀门开关顺利，测试结束后，封隔器解封正常，未发现重晶石沉淀，压井作业正常顺利，测试返排未发现重晶石沉淀。

第4章　高温高压气井射孔技术

射孔作业是油气勘探和开发的一个非常重要的环节,它是利用射孔弹瞬间燃烧形成的金属射流穿透生产套管、水泥环、污染带及产层,建立地层与井筒之间油气流通道的一项工艺技术。它包含的主要内容有:射孔工艺、射孔器材、射孔参数对气井产能的影响以及射孔器材的检验等方面。对于高温高压气藏来说,射孔工艺的安全稳定、枪身的强度、火药的耐温性、最优化产能设计都面临着巨大的挑战。

因此,在进行高温高压射孔设计时,应考虑不同射孔工艺、射孔器材的作用原理、适用条件以及射孔参数对测试产能的影响,同时必须考虑高温、高压造成的难点和影响,确保气井的安全。

4.1　射孔工艺

世界各国的射孔技术按输送方式基本可分为2类:一类是电缆输送射孔;另一类是油管(钻杆、连续油管)输送射孔。按其穿孔作用原理可分为子弹式射孔技术、聚能式射孔技术、水力喷射式射孔技术、机械割缝(钻孔)式射孔技术、复合射孔技术。

随着海上高温高压气井勘探开发力度的加大,常规的聚能射孔方式已表现出不适应性,近年来,正逐渐将陆上使用成熟的复合射孔、超正压射孔技术推向海上高温高压气井。这些工艺与地层测试器联合作业,通过一趟管柱实现高温高压气井测试、射孔、压裂、负压诱喷等多种功能,大大缩短了测试周期,减轻了劳动强度,降低了测试作业成本。

目前,海上高温高压气井射孔采用的射孔测试联作工艺主要有:负压射孔测试联作工艺、复合射孔测试工艺。

4.1.1　油管传输射孔测试联作工艺

4.1.1.1　工艺原理

油管传输射孔测试联作工艺最大的优越性是在负压条件下射孔后立即进行测试,因而能提供最真实的地层评价机会。其他测试方式是在压井条件下作业,会使压井液或测试液沿射孔孔道向地层深处渗入,对油气层造成伤害。而选择合理的负压值射孔,首先可以避免流体流入地层,其次是射孔后依靠地层自身的压力来消除通道的残留物和孔道周围的压实带,使射孔孔道立即得到清洗,从而获得最理想的流量。

4.1.1.2 工艺特点

该工艺的特点有：

（1）最大限度地避免流体进入地层，减少储层污染，克服储层污染对测试产能的影响。

（2）能根据需要在井口控制准确的负压值。

（3）射孔后能够有效地清理射孔孔道，疏松射孔压实带，消除射孔伤害和提高产能。

（4）施工周期短，实现负压和测试联合作业，节约作业成本。

4.1.1.3 注意事项

（1）射孔震动对封隔器和压力计的影响。

在测试射孔联作施工中，射孔产生的巨大震动和高压导致封隔器、井下压力计损坏或精度降低，进而致使测试失败的现象较为普遍。

为有效解决这一问题，根据减震的工作原理，海上高温高压射孔联作测试管柱的减震工作从两方面进行：一是有效地释放或者衰减吸收冲击波能量，让作用在封隔器、压力计、时钟、测试器上的力尽可能小；二是设法吸收、衰减射孔冲击波能量，让作用在封隔器、压力计、时钟、测试器上的冲击力尽可能小。

具体措施如下：

① 增加减震器的个数，由原来的单减震器改为双减震器。

② 调整减震器在管柱结构中的位置，从原来的减震油管之下改置于减震油管之上、测试封隔器之下，以最大限度地减少对封隔器及测试仪器仪表的震动。

③ 增加减震油管（或夹层枪）的根数或长度。因为爆炸冲击波能量呈球形方式递减，离爆炸中心越远，施加在测试仪器上的冲击力越小。另外，减震油管具有一定的柔性，增加其长度可以增加其综合柔性，有效地衰减冲击力。

④ 改进压力计阻尼器的结构，将其由原来的 4 个传压孔改为孔径稍大的 2 个传压孔，并将弹簧加粗，以增加其弹性压缩系数。

⑤ 尽可能选用抗震性能好一些的量程适当的压力计。

（2）测试液对射孔起爆的影响。

高温高压测试液一般都是由钻井液直接转化而来，因此测试液对射孔起爆的影响主要表现在以下 2 个方面：

① 测试液由于是钻井液直接转化，因此测试期间测试液沉淀可能造成不能有效传压，导致不能点火起爆。

② 起爆器销钉的设计与测试液的密度有直接关系，测试液性能不稳定，将导致起爆压力设计失误，造成射孔失败。

因此，测试液应确保在测试整个过程中能够循环充分，全井测试液性能一致。

（3）其他可能因素对射孔的影响。

射孔测试联作管柱入井期间，当下钻速度较快，测试液密度和黏度较大时，具有明显的激动压力，除此之外，下钻过程中异常情况循环也会引起井下压力变化，导致射孔失败。

因此，对操作压力变化方面，需要做好以下工作：

① 在下管柱作业时，要控制起下钻的速度并平稳操作。

② 严格控制启动循环时的初始压力、循环排量，确保循环排量稳定。

4.1.2 复合射孔测试联作工艺

在以往探井地层测试中,通常使用常规射孔与 DST 联作技术,在负压条件下射开气层,来克服气层污染对测试资料的影响,操作简单易行且成本较低,但受射孔枪孔密、穿深以及射孔造成的孔道壁压实带等的影响,最终近井带污染很难被完全解除,尤其是污染严重的低渗气层。

近年来,随着高能气体压裂技术的进步,集射孔和高能气体压裂于一体的复合射孔工艺技术逐渐发展起来。该技术能增强射孔能力,通过在孔壁上造微裂缝,提高穿深,消除孔道壁压实带,以彻底消除近井带污染。

将复合射孔与 DST 测试工具联合起来作业,形成复合射孔与 DST 联作技术,在安全的条件下,一趟管柱即可实现射孔、复合压裂、破除近井污染带、增加渗流面积,实现一趟管柱完成储层的射孔、复合压裂和测试,能大幅度节省作业时间,实现了快速排液、求产、取全取准资料的目标,并大幅度提高了测试时效,节约了测试成本。

4.1.2.1 复合射孔的原理

复合射孔是聚能射孔与火药压裂的复合技术,在加强型射孔枪内,装配作业性质不同的射孔弹和复合火药 2 种能量介质,射孔弹被导爆索引爆后在 $0.05 \sim 0.1$ ms 内爆轰并穿孔,复合火药被爆轰波或射流引燃,在射孔枪内压力、温度的不断变化下,以破碎、端面形式和每秒几米甚至几百米的速度燃烧 $20 \sim 50$ ms,释放大量的高能气体,高能气体穿过射孔枪孔眼,进入射孔孔道中,以脉冲加载形式作用于地层,对孔道壁压实层和地层产生压裂作用,使地层流体的通道得到改善,实现造缝、清除污染,最终达到增产的目的。

复合射孔的特点如下:

(1)在地面上,射孔弹射流不能点燃复合火药,复合火药安全性高。

(2)复合火药由射孔弹射流点燃,在井筒中产生高压气体直接作用于地层,对地层压裂的效果好。

(3)复合火药装药量多,燃烧时间长,压力作用时间长。

(4)复合火药燃烧产生的压力在井筒和射孔枪之间,对射孔枪影响较小,对管柱更安全,可确保作业安全。

(5)压裂作用明显,特别适用于低孔、低渗地层。

4.1.2.2 复合射孔枪的组成

复合射孔枪主要由传爆管、导爆索、弹架、射孔弹、复合火药、枪身、保护接头、保护环等组成,根据复合火药的安装方式分为内套式复合射孔枪和外套式复合射孔枪。

(1)内套式复合射孔枪。

内套式复合射孔枪是在常规射孔枪弹架上加装复合火药,复合火药安装在射孔枪内,其结构如图 4-1 所示。内套式复合射孔枪的特点是根据所选射孔枪的枪身、弹架的尺寸和结构,将复合火药制成具有留空位置与弹架的装弹位置相匹配的筒状,套装在弹架上,安装比外套式简单。但由于枪身尺寸有限,加装复合火药量受到限制,且受枪管强度的限制,压力的作用效率较低。

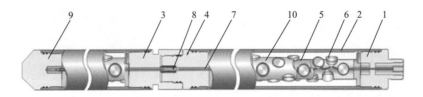

图 4-1　内套式复合射孔枪结构示意图
1—枪头；2—枪身；3—上接头；4—下接头；5—弹架系统；
6—射孔弹；7—导爆索；8—传爆管；9—枪尾；10—高能材料

（2）外套式复合射孔枪。

外套式复合射孔枪是在常规射孔枪枪身外增加类似火箭推进剂的复合火药筒，复合火药燃烧对射孔枪影响较小，对管柱更安全。复合火药量可根据需要增加，且不受枪管强度的限制，在环空产生高压气体直接作用于地层，压力作用效率高，特别适用于低孔、低渗地层。为了避免复合火药筒在下井过程中与井筒摩擦而破裂，设计安装大于药筒外径的保护接头，起到扶正枪身的作用；使用保护环进行限位，将药筒固定在射孔枪上，避免下钻过程中复合火药波动。

外套式复合射孔系统主要由复合射孔器、P-T 测试仪器和模拟软件 3 部分组成。外套式复合射孔器主要由常规射孔器、保护接头、复合火药筒和保护环组成，如图 4-2 所示。

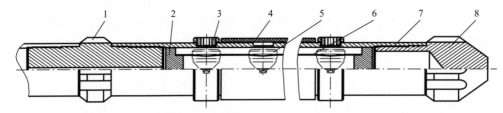

图 4-2　外套式复合射孔器结构示意图
1—保护接头；2—弹架；3—保护环；4—外置压裂筒；
5—射孔弹；6—导爆索；7—射孔枪；8—枪尾

① 保护接头外圆一般设计成大于药筒外径，主要是为保护复合火药筒在下井过程中不与井筒摩擦而破裂；保护环的主要作用是将药筒固定在射孔枪上。

② P-T 测试仪用于监测复合射孔器在井筒内产生的压力，以便于对复合射孔的压裂作用进行评价，并为模拟软件提供数据支持，为不断优化模拟软件的计算准确性提供数据。

③ 模拟软件的主要作用是在射孔前对射孔方案进行优选，包括射孔弹的药量、复合火药筒的装药量、射孔枪类型，并根据地层地质参数确定合适的射孔工艺，提前进行射孔作业时管柱上各关键部位的受力分析，保证作业安全性。

4.1.2.3　复合射孔与 DST 联作测试管柱安全控制技术

复合射孔中，伴随复合火药燃烧，射孔瞬间（50 ms 内）在枪体内产生脉冲型高温高压气体，引起测试管串的剧烈震动，部分高温高压气体的能量通过测试液沿井筒向上传递，又使测试管串上的封隔器受到很大的向上推力，因此复合射孔很容易使测试管串上的封隔器和电子压力温度计等遭受损坏，导致测试失败或无法取得井下压力温度资料。要实现复合射孔与 DST 联作，关键是消除或缓解测试管串的震动，使其低于封隔器和压力温度计等的抗震指标；另外要设法减小对封隔器向上的作用力，使封隔器上下压差低于其承载压差指标。

（1）高效减震技术。

在测试管串上，封隔器与复合射孔枪之间连接高效减震器（见图4-3），减震器上有增大受力面积的挡环，挡环周边与$\phi177.8$ mm套管的间距为1.5 mm，挡环上有斜开的沟槽和小导角，便于起下测试管串，挡环上部有液压减震装置。复合射孔产生的部分高温高压气体的能量通过测试液沿井筒向上传递时，大部分作用于挡环上，对管串产生向上的推力通过液压减震作用后大大减弱；减震器挡环与套管的间距小，复合射孔引起的管串横向震动，通过减震器也得到有效的削弱。

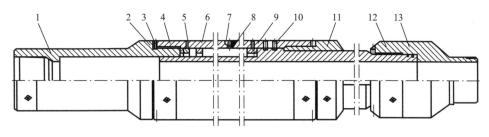

图4-3 高效减震器结构示意图

1—上接头；2—滑动心轴；3—螺钉；4，8，13—O形圈；5—堵头；
6—减震弹簧；7—破裂环；9—外套管；10—剪切销；11—堵塞；12—下接头

高效减震器有减震弹簧，用于缓冲向上冲击，在复合火药套管上有阻尼孔，当下接头和滑动心轴向上运动时，挤压液体从阻尼孔排出，从而消耗冲击能量，达到减震效果。减震器上设计有保护结构，在复合火药套管上设计有破裂环，可以防止冲击太猛而造成复合火药套管与心轴之间的液压腔室内井液压力过高，进而损坏外套管和心轴。当复合火药套管的内外压差大于100 MPa时，破裂环打开，增大泄流面积，降低液压腔室内的井液压力。

（2）测试管串优化组合。

在测试管串的复合射孔枪与封隔器间安装高效减震器组，一般使用3个高效减震器，减震器间用1根厚壁油管连接，减震器组的上部和下部均连接有沟通测试管串内外的流动通道，便于记录压力变化状况；封隔器与复合射孔枪顶部第一发弹间距离约50 m，中间使用厚壁油管进行减震；在管柱上设计专用的长槽筛管，防止杂物堵塞点火头；对于易出砂或裸眼测试井，为防止砂卡射孔枪或裸眼垮塌埋射孔枪，在射孔枪顶部设计了自动丢枪装置。

（3）合理设计复合火药量。

射孔作业之后不仅要保证封隔器不解封、射孔管柱不变形，而且要保证封隔器以上压力计的安全，保障DST测试顺利进行，同时也要保证压裂造缝的有效长度。因此，复合火药装药量的确定至关重要。

① 保证射孔枪安全，应满足式（4-1）～（4-3）。

$$p_1 \leqslant p + p_0 \tag{4-1}$$

$$p_1 = \frac{Mf \times 10^{-6}}{V_0 - \dfrac{M(1-\varphi)}{\rho} - \alpha M \times 10^{-3}} \tag{4-2}$$

$$p = \frac{\sigma_s(r_1^2 - r_2^2)}{r_1^2 + r_2^2} \tag{4-3}$$

式中 p_1——复合火药燃烧时射孔枪内增压，MPa；

p——射孔枪可承受压力,MPa;

p_0——井筒内静液柱压力,MPa;

M——复合火药已燃烧质量,$M=mt/0.05$,kg;

t——复合火药燃烧时间(0~0.05 s),取最大值 0.05 s;

m——复合火药每米装药量,kg;

f——复合火药力,$f=1.8\times10^6$ N·m/g;

φ——达到峰值时复合火药燃烧百分比,$\varphi=0.55$;

V_0——射孔枪内容积,$V_0=\pi r_2^2/4$(按 1 m 枪计算);

ρ——复合火药密度,$\rho=1.2\times10^3$ kg/m³;

α——复合火药比体积,$\alpha=0.8$ m³/kg;

r_1——射孔枪枪体外径,m;

r_2——射孔枪枪体内径,m;

σ_s——射孔枪枪体材料屈服强度,MPa。

② 保证套管安全,应满足式(4-4)~(4-6)。

$$p_1-\Delta p<\dot{p}+p_f \tag{4-4}$$

$$\Delta p=\frac{1.265\,4\times10^9\rho_1 q^2}{n^2 d^4} \tag{4-5}$$

$$q=\frac{m\alpha}{0.05} \tag{4-6}$$

式中　Δp——复合火药产生的高温高压气体通过射孔枪的孔眼到达环空时的压降,MPa;

$\dot{p}$——套管极限耐压强度,MPa;

p_f——地层压力,MPa;

q——单位时间燃烧产物气体的流量,m³/s;

ρ_1——燃烧产物气体的密度,$\rho_1=1.0$ kg/m³;

n——射孔孔眼数,个;

d——射孔孔眼直径,mm。

③ 保证压裂造缝,应满足式(4-7)~(4-9)。

$$G=\frac{E}{2(1+\nu)} \tag{4-7}$$

$$W=1.89\left[\frac{(1-\nu)q^2\mu}{GH}\right]^{\frac{1}{5}}\frac{1}{t^5} \tag{4-8}$$

$$L=0.45\left[\frac{Gq^3}{(1-\nu)\mu H^4}\right]^{\frac{1}{5}}\frac{1}{t^5} \tag{4-9}$$

式中　G——岩石剪切模量,kPa;

E——岩石弹性模量,kPa;

ν——岩石泊松比;

W——裂缝宽度,m;

H——裂缝高度,$H=0.8$ m;

t——时间,$t=0.833\times10^{-3}$ min;

μ——动力黏性系数,$\mu=1.356\times10^{-6}$ kPa·min;

L——裂缝长度,m。

④ 满足桥塞、封隔器和电子压力温度计使用安全。复合火药燃烧时作用于桥塞、封隔器的压力应小于封隔器和桥塞的坐封力,作用于电子压力温度计的压力应小于其工作压力。

4.2 射孔器材

射孔器材包括火工品和非火工品。火工品包括射孔弹、导爆索、传爆管、传爆组件、电雷管等,非火工品包括射孔枪、点火头、减震器等。不同于常规的射孔器材和火工品,对于高温高压井,需要从射孔器材方面进行严格控制和设计,以保证射孔施工质量。

4.2.1 射孔枪

射孔枪是射孔器材的主要组成部分,分为有枪身射孔枪和无枪身射孔枪。对于高温高压气井主要采用有枪身射孔枪,主要原因是有枪身射孔枪能够在井下密封射孔火工品。

射孔枪有枪头、枪管、枪尾、密封元件等组成的密闭空腔,保护置于其中的射孔弹、弹架、导爆索等部件不受井下高压、酸碱环境的影响。目前,射孔型号以枪的外径规格为系列,根据射孔器的不同要求,以不同的孔密、相位、耐压级别等分别匹配。海上高温高压环境常用的射孔枪已系列化。

(1) 射孔枪外径(mm):73,89,102,114,127,178。

(2) 孔密(孔/米):16,20,30,40。

(3) 相位:45°,60°,90°,180°,135°/45°。

(4) 耐压级别(MPa):70,105,140,175。

射孔枪的选择主要考虑尺寸和强度2个因素。尺寸的选择主要根据套管内径决定,见表4-1。射孔枪的强度主要考虑射孔液液柱的压力、起爆压力、射孔工艺的综合作用。

表 4-1　射孔枪选择表

套管内径/mm	244.5	177.8
射孔枪外径/mm	114,127,178	102,114,127

4.2.2 射孔弹

射孔弹由弹壳、炸药、起爆炸药、锥形衬套组成,具体如图4-4所示。

(1) 弹壳。通常用锌、铝和低碳钢等材料制成,外壳的强度为炸药爆炸的能量形成聚能射孔流束提供保障。

(2) 炸药。炸药是聚能穿孔的能源。相关参数有爆压、爆温、爆速,同种炸药装药密度越高越好。

(3) 起爆炸药。同炸药温度、类型相同的炸药,但起爆炸药的灵敏度比炸药更高,使传爆燃烧时易于引爆起爆炸药,从而引爆射孔弹。

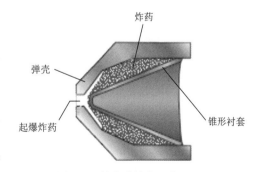

图 4-4　射孔弹结构示意图

（4）锥形衬套。在炸药爆炸后形成射流束，炸药爆炸产生的能量推动射流束以高压和高速喷流穿透套管、水泥环和地层。

射孔弹弹药按耐温等级目前一般分为常温炸药黑索金（RDX）、高温炸药奥克托金（HMX）、超高温炸药六硝基芪（HNS）和皮威克斯（PYX）4 种。RDX，HMX，HNS 和PYX 炸药的工作温度和工作时间变化呈线性关系，如图 4-5 所示。

高温高压井射孔弹的选择主要考虑温度因素，因为较高的温度会使炸药热分解速度加快，并产生体积膨胀，挤压药型罩，并使装药结构变化，引起装药密度、爆速、爆压的降低，导致射孔弹穿透深度降低，当温度超过其耐温极限时，射孔弹将产生自爆。因此，高温高压气井射孔弹弹药普遍采用 HMX（160 ℃/

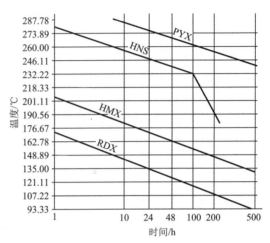

图 4-5　射孔炸药的工作温度与时间关系曲线

48 h），HNS（230 ℃/48 h）或 PYX（260 ℃/48 h），当地层温度处于炸药临界温度时，应根据整个施工过程中预计的作业来进行炸药选择，以确保施工的顺利进行。

4.2.3　其他工具

4.2.3.1　点火头

目前，常用的点火头有安全机械点火头、压力起爆点火头和液压延时点火头 3 种。

（1）安全机械点火头。

安全机械点火头作用原理：井口投棒撞击安全机械点火头的锁柱，剪断剪切销，锁柱向下移动，钢球落入锁柱的槽内，解除对击针的锁定，释放击针。击针在液柱压力的推动下向下运动撞击起爆器，起爆器输出爆轰能量引爆传爆管。安全机械点火头的结构如图 4-6所示。

海上高温高压气井常用安全机械点火头的参数见表 4-2。

表 4-2　安全机械点火头的参数

代　号	AJ-1/1-0	AJ-2/1-0
连接螺纹	M36×1.5	M36×1.5
外形尺寸	ϕ38 mm×265 mm	ϕ38 mm×262 mm
最大静压	70 MPa	140 MPa
耐　温	起爆器耐温	起爆器耐温
最小起爆压力	3 MPa	14 MPa

（2）压力起爆点火头。

压力起爆装置特别适用于测试联作，在斜井和水平井作业中引爆射孔枪或延时起爆装置。压力起爆点火头的结构如图 4-7 所示。

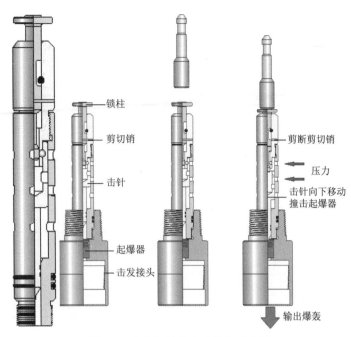

图 4-6 安全机械点火头结构示意图

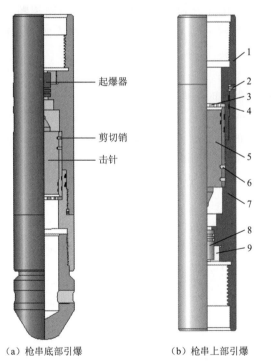

（a）枪串底部引爆　　　（b）枪串上部引爆

图 4-7 压力起爆点火头结构示意图

1—上接头；2—止动螺钉；3—挡板；4—O 形圈；5—剪切组件；
6—剪切销；7—下接头；8—雷管；9—螺塞

根据该装置所处的井深和所需的起爆压力计算剪切销的数量，当压力大于活塞剪切销的剪切值时，活塞剪断剪切销向下/向上运动并撞击雷管，雷管输出引燃延期起爆管或射孔枪。

该装置可以连接在射孔枪的上部、中部或下部,常与延时起爆装置配套使用组成压力延时起爆装置。该装置分常压、高压以及超高压 3 种。常压剪切销为 2 排共 24 颗,高压为 3 排共 36 颗,超高压为 4 排 48 颗,压力起爆点火头的具体参数见表 4-3。

表 4-3 压力起爆点火头的参数

型 号		YB4-2	YB4-1	YB1-9-HY	YB1-9
连接螺纹	上 端	2-7/8 EUE(B)	2-3/8 EUE(B)	2-7/8 EUE(B)	2-7/8 EUE(B)
	下 端	2-7/8-6Acme(B)	2-7/8-6Acme(B)	2-7/8-6Acme(B)	2-7/8-6Acme(B)
外径/mm		86	93	93	93
总长/mm		510	545	414	414
装配长度/mm		510	545	414	414
耐压/MPa		105	105	120	140
耐温		雷管耐温	雷管耐温	雷管耐温	雷管耐温
剪切销		2 排×12 颗/排	2 排×12 颗/排	3 排×12 颗/排	4 排×12 颗/排
最大拉力/tf		110	80	110	110

(3) 液压延时点火头。

液压延时点火头通过加压的方式操作,其不受井筒内固相颗粒的影响。液压延时点火头内部设计有一个特殊的腔室,这一设计可以避免井筒内的固相碎屑对点火头造成影响。高温高压气井液压延时点火头设计选型依据有:

① 液压点火头至少考虑一用一备,射孔管柱应安装 2 个液压延时点火头,这 2 个点火头并列安装,压力等级一样,但延时不同。

② 采用氮气或其他方式建立负压时,可控的液压延时能为泄掉点火压力留足时间。

③ 2 个点火头与下面的射孔枪通过导爆索连接。

④ 在井温条件下能够确保其功能正常。

斯伦贝谢公司 eFire 液压延时点火头如图 4-8(彩图 6)所示。

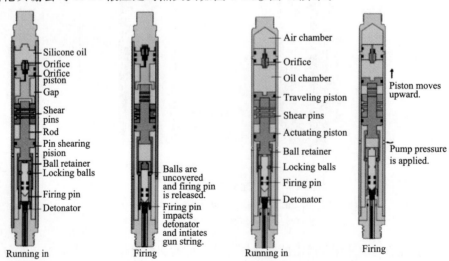

图 4-8 斯伦贝谢公司 eFire 液压延时点火头结构示意图

4.2.3.2 减震器

减震器用于油管传输射孔作业中,减小射孔弹爆炸对整个管柱的纵向冲击力,以达到保护井下工具和测试仪器的目的。该工具利用弹簧缓冲和液体排出阻尼原理,设计有减震弹簧和阻尼孔,射孔时管串向上窜动,减震弹簧被压缩,同时压缩液体从阻尼孔排出,减小射孔枪向上的冲击。另设计有破裂环,可以防止液体在缓冲腔室中产生过大压力差,保护减震器的外套管不被压破。具体参数见表4-4。

表 4-4 减震器的技术参数

型 号		HgMp-25G-HY
连接螺纹	上 端	2-7/8 EUE(B)
	下 端	2-7/8 EUE(P)
外 径		133 mm
通 径		62 mm
总 长		1 456 mm
装配长度		1 395 mm
最大压缩行程		200 mm
剪切销剪切值		6 343 N/颗
剪切销数量		8
阻尼孔面积		16-ϕ5 mm
耐压差		60 MPa
破裂环破裂压力		100 MPa
屈服强度		846 kN

4.2.3.3 射孔丢枪装置

高温高压气井射孔自动丢枪装置可在射孔枪点火射孔后自动丢弃射孔枪,在高温高压气井作业中具有广泛的应用。高温高压气井自动丢枪装置设计选型应遵从以下原则:

(1)在点火瞬间自动丢枪,避免辅助作业,减小震动对管柱的影响。

(2)射孔丢枪装置下部连接的射孔枪质量按厂家推荐要求配置(如最少为 200 lb)。

(3)丢枪后,射孔管柱前端完全敞开,并形成一个用于钢丝作业的引鞋。

(4)丢枪时点火头和 NO-GO 接头被完整地丢落到井底,如需打捞出井,可一趟完成打捞作业。

(5)自动丢枪装置适配于多种点火头,适用范围广。

斯伦贝谢公司 SXAR 自动丢枪装置如图4-9(彩图7)所示。

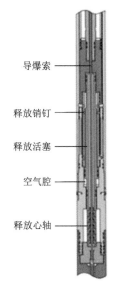

导爆索

释放销钉

释放活塞

空气腔

释放心轴

图 4-9 斯伦贝谢公司 SXAR 自动丢枪装置结构示意图

4.3　射孔参数设计

对于高温高压井,如何保证射孔弹高压下的有效穿深和孔径,提高射孔后的气井产能是射孔参数优化必须解决的问题。为了科学评价不同射孔条件下的射孔井产能,需要利用室内实验、理论方法以及现场试验等手段弄清高温高压条件下射孔参数对油气井产能的影响规律,以指导现场施工。

4.3.1　射孔参数的影响

4.3.1.1　孔深、孔密的影响

射孔孔深主要是射孔孔道的长度,射孔孔深由射孔弹的型号决定,钻井污染程度、压实程度等在一定程度上影响穿深效果。当孔深不能穿透钻井污染区时,随孔深的增加气井的产能比升高;当射孔孔深穿透钻井污染区时,孔深对气井的产能比影响较小。

孔密是指单位长度上射孔弹的数目。孔密的增加虽有利于提高射孔产能,但当孔密达到一定值时,增加孔密对产能不会产生太大的影响。此外,孔密太大也会对套管造成损害,威胁井下的安全。

气井产能比随着孔深、孔密的增加而增加,但提高幅度逐渐减小(见图 4-10),即靠增加孔深、孔密提高产能有一个限度。从经济角度考虑,孔深小于 800 mm 而孔密小于 24 孔/米时,增加孔深和孔密,其增产效果比较明显。

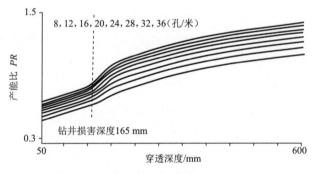

图 4-10　孔深、孔密与油井产能比曲线

4.3.1.2　相位角的影响

相位是指相邻 2 个孔眼之间的角位移,是影响产能的又一重要因素,与地层各向异性、是否穿透钻井污染区和生产压差有关。

当射孔能穿透钻井污染区时,由于地层各向异性的不同,相位角呈现不同的变化顺序。

(1)当地层各向异性不严重时,90°相位角最好,0°相位角最差。按产能比从高到低的顺序,相位角依次为 90°,120°,60°,45°,180°,0°。

(2)当地层各向异性严重时,按产能比高低依次为 180°,120°,90°,60°,45°,0°,高相位(180°,120°)射孔具有较高的产能比。这是因为孔密一定时,高相位的同一方向两相邻的纵向距离减少,从而各向异性的影响可以最大限度地减小。

当射孔不能穿透钻井污染区时,相位与产能比的关系变得不敏感。因此,单从产能的角

度考虑,90°,120°相位角射孔后获得的产能比最大,其次从大到小依次为 60°,180°,45°。

4.3.1.3 孔径的影响

孔径是指射孔枪在地层中产生孔眼的直径,孔径通常在 5～31 mm 范围内。孔径的大小由射孔弹的结构类型和所装弹药量决定。从图 4-11 可以看出,随着孔径的增加,油井产能比增加,但相对而言,孔径的影响并不大,一般保证孔径在 10 mm 以上即可。

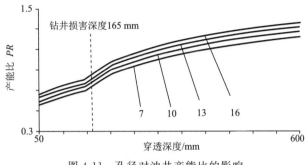

图 4-11 孔径对油井产能比的影响

4.3.2 射孔负压值

砂岩油气层大体上可分为致密地层和非致密地层 2 类。致密地层射孔后一般不出砂,可用大的负压值;而非致密地层射孔后易出砂,必须选用合理的负压值,以保证射孔时既能把射孔碎屑及压实层清除干净,又不会破坏地层结构。

4.3.2.1 无出砂风险的地层

针对南海高温高压各盆地储层特征,经过多年的射孔实践,该地区采用下述公式计算储层最佳负压值。

最小负压值:

$$p_{min} = 6.859 \times 2.5/K^{0.17} \tag{4-11}$$

最大负压值:

$$p_{max} = (4\,750 - 25\Delta T) \times 6.89 \times 0.01 \tag{4-12}$$

最佳负压值:

$$p_{rec} = 0.8 p_{min} + 0.2 p_{max} \tag{4-13}$$

式中　p——压力,MPa;

　　　K——地层渗透率,$10^{-3}\ \mu m^2$;

　　　ΔT——声波时差,$\mu s/ft$。

4.3.2.2 有出砂风险的地层

对于有出砂风险的地层,可以根据本书第 2 章,选用 W-P 模型计算储层出砂临界压差。

4.4 应用案例

4.4.1 基本数据

EG-X 井测试阀预计在 2 859 m 左右,测试阀以上为密度 1.03 g/cm³ 的海水,测试阀以下为密度 1.96 g/cm³ 的压井液,预计地层压力 54～57 MPa。井筒 2 885 m 以上为 24.47 mm 套管,射孔层位为 149.23 mm 裸眼。地层属于细砂岩地层,井温 133 ℃,地层密度 2.41 g/cm³,射孔液密度 1.98 g/cm³,孔隙度 13.1%,渗透率 5.5 mD,杨氏模量 23.2 GPa,人工井底 3 000 m,泊松比 0.14,射孔段深度 2 906～2 912 m。

4.4.2　关键技术措施

4.4.2.1　射孔方式选择

射孔段为 149.23 mm 裸眼段,如采用 127 枪装深穿透射孔弹射孔,可能造成以下情况: (1) 目前 127 枪射孔弹最深穿深地面打靶数据大致为 1.5 m,在井下高温情况下穿深损失约 80%,可能无法有效穿透致密地层;(2) 即使 127 枪射孔弹能穿透致密地层,但势必在孔道 上形成射孔压实带,影响地层流体进入井筒,进而影响测试数据的准确性。测井数据显示地 层压裂系数达 1.97,计算得出射孔层位的破裂压力为 57～61 MPa。

如采用水力压裂,存在以下弊端:(1) 海上平台进行水力压裂,井控安全风险大;(2) 成 本高。

由于地层压力较高,设计采用负压射孔。合适的负压值是负压射孔能否达到预期效果 的关键。根据式(4-10)～(4-12)计算确定储层最佳负压值为 6 MPa。

4.4.2.2　装药量的确定

(1) 射孔弹(692D-73P-1):20 孔/米,共 113 发,每发装药量 24 g。

(2) 外置压裂筒(YT73-500-1):3.92 m,总计药量约 7.18 kg。

(3) 自动丢枪装置的最小释放质量为 150 kg,因此在枪尾装了 3 根 4 m 空枪。

(4) 封隔器坐封位置约为 2 870 m。

注:(1) 炸药产生的压力为射孔段中间附近环空;(2) 压力大小取下面大于上面为正值, 管柱受向下拉力为正,受向上冲击力为负。

4.4.3　射孔方案

射孔作业采用 TCP 带插入式密封筒、永久封隔器和 DST 裸眼测试联作,永久封隔器内 径为 102 mm,因此采用 73 枪外套复合火药筒(最大外径 92 mm),采用防砂投棒起爆自动丢 枪装置,射孔后射孔枪自动丢入井底。施工管柱组成(自上到下):流动头＋油管＋温度计短 节＋连续油管工作筒＋RD 循环阀(无球)＋油管＋RD 循环阀(有球)＋泄压阀＋LPR-N 阀＋压力计托筒＋油管＋封隔器＋机械点火丢枪装置＋73 安全枪＋73 复合射孔枪＋73 加 重枪和尾枪＋永久封隔器。

4.4.4　作业效果及施工总结

采用复合射孔＋测试联作,结果获得日产气量 8×10⁴ m³,采液指数 1.5 m³/MPa,表皮 系数 5.6。

(1) 采用投棒起爆负压射孔技术,使孔道压裂的同时被负压回流冲洗,进一步疏通孔 道,充分达到增效目的。本次设计负压值为 6 MPa。实践证明起爆方法和负压值设计是合 理的。

（2）高速压力记录仪可以记录射孔瞬间和炸药燃烧的压力数据，可与模拟计算曲线进行比较，以完善和优化新井的射孔设计。由于本口井的温度较高（133 ℃），高于高速压力记录仪的可承受温度，故未在管柱中增加高速压力记录仪。

（3）本次射孔在封隔器上面放置了 2 个压力计，射孔后压力计完好无损，且记录数据无异常，说明射孔作业前对管柱所做的受力分析是正确的。

第5章 高温高压气井测试管柱设计

南海西部高温高压油气田主要分布在琼东南盆地和莺歌海盆地,水深从几十米到几百米不等,且主要以气井居多,可采用自升式钻井平台或半潜式钻井平台进行测试作业。随着测试井筒温度升高,测试管柱的受力和变形将发生剧烈变化,易导致封隔器失效和测试管柱破坏。若采用半潜式钻井平台进行测试作业,测试管柱还需承受钻井平台频繁周期性升沉横摇的影响,在多种载荷联合作用下,测试管柱有可能出现弯曲、扭曲、磨损甚至断脱等恶性事故。因此,为保证海上高温高压气井整个测试过程安全、可靠,必须对不同工况下的测试管柱进行受力和安全评估,优化施工参数,简化测试管柱结构,最终确定一套安全、经济、高效的管柱结构和施工方案。

5.1 海上高温高压气井测试管柱工艺

5.1.1 海上高温高压测试管柱类型

根据平台类型(半潜式、钻井船),将海上测试管柱分为上部管柱(泥线以上)、下部管柱(泥线以下)。

5.1.1.1 上部管柱

将测试上部管柱分为浮式钻井平台(半潜式、钻井船)上部悬挂管柱与自升式钻井平台上部悬挂管柱2种。自升式钻井平台上部管柱结构比较简单,由流动头与钻杆组成;而浮式钻井平台上部管柱结构较复杂,主要采用水下测试系统。

5.1.1.2 下部管柱

海洋油气测试下部管柱早期使用较为普遍的是 MFE 工具,与之配套使用的压力计主要是 J200 压力计和 ANROUDA 压力计,它们都是机械压力计。到了 20 世纪 90 年代,随着井况的逐渐复杂,半潜式平台作业的开始,以及测试要求的逐渐提高,对测试工具的要求也日益提高,环空压力控制的井下工具因其安全性好、成功率高的特性,逐渐取代了 MFE 工具。电子压力计也逐渐取代了原来的机械压力计。目前海上高温高压气井常采用全通径压控式测试工具(ACP)+油管传输射孔(TCP)联作管进行测试,该类型的管柱主要有以下特点:

① 井口安装好后,测试阀的操作通过油套环空加、泄压进行,不动管柱,操作简单方便。

② 采用联作工艺,可以一趟式完成负压射孔、测试、压井等作业,施工周期短。

③ 全通径结构在大产量井的测试中流动迅速,避免管柱冲蚀。

④ 对于储层物性相对较差,自喷能力有限的气井,将考虑在测试管柱上增加连续油管工作筒,可实现连续油管气举作业或连续油管酸洗解堵作业。

⑤ 射孔管柱一般安装双液压延时点火头或机械液压点火头,具备点火备用功能。

根据测试封隔器不同(永久式封隔器、可回收式封隔器),下部测试管柱分为2种:① 分趟式管柱。电缆或钻杆单独下入永久封隔器,之后与再下入的 APR+TCP 管柱相配合。② 一趟式管柱。一趟下入可回收式带封隔器的 APR+TCP 管柱。

(1)分趟式管柱。

① 管柱结构。

第一趟:钻杆/电缆+FB3 封隔器(永久封隔器)/昆腾封隔器(可回收式永久封隔器)。

第二趟:油管+放射性接头+RD 循环阀(无球)+RD 循环阀(有球)+排泄阀+LPR-N 阀/选择性测试阀+压力计托筒+气密油管+压力计托筒+RD 旁通试压阀+液压旁通+插入密封定位+插入密封+油管+筛管+压力起爆器+射孔枪。

分趟式测试管柱结构如图 5-1 所示。

② 管柱特点。

永久封隔器一般通过电缆下入并坐封,相比可回收封隔器,永久封隔器上部测试管柱与封隔器之间不存在硬性接触,不需要配重,且可以减少管柱中工具丝扣的使用,降低管柱泄漏风险。测试结束后只需上提测试管柱使密封短接脱离密封筒即可,最大限度地减少了可回收式封隔器在高密度测试液中由于固相沉积被卡以及坐封配重工具不具备气密扣的泄漏风险。

(2)一趟式测试管柱。

① 管柱结构。

伸缩节+油管+放射性接头+RD 循环阀(无球)+RD 循环阀(有球)+排泄阀+LPR-N 阀/选择性测试阀+压力计托筒+气密油管+压力计托筒+RD 旁通试压阀+液压旁通+RTTS封隔器/XHP 封隔器/ CERTIS 封隔器+纵向减震器+筛管+压力起爆器+射孔枪。一趟式测试管柱结构如图 5-2 所示。

② 管柱特点。

相比分趟式管柱,减少单独一趟下入封隔器的作业程序,尤其对于深水测试,大大减少了作业时间和成本,但是一趟式测试管柱对封隔器性能要求较高。

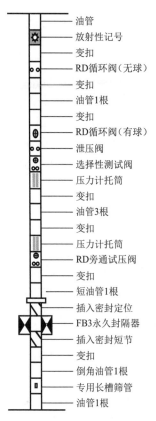

图 5-1　海上高温高压分趟式测试管柱结构示意图

右侧标注(自上而下):油管、放射性记号、变扣、RD循环阀(无球)、变扣、油管1根、变扣、RD循环阀(有球)、泄压阀、选择性测试阀、压力计托筒、变扣、油管3根、变扣、压力计托筒、RD旁通试压阀、变扣、短油管1根、插入密封定位、FB3永久封隔器、插入密封短节、变扣、倒角油管1根、专用长槽筛管、油管1根

5.1.2 水下测试树系统

5.1.2.1 水下测试树系统的功能

采用半潜式钻井平台或钻井船等浮式结构物进行高温高压测试作业时，受风、浪、流的影响，平台会发生纵摇、横摇等浮体运动，而与之相连的高温高压测试管柱也将受到严重影响，因此若在测试过程中遇特殊海况，如台风或潮汐等，必须立即断开测试管柱，将平台撤离井口位置。

因此，对于半潜式钻井平台进行高温高压测试，必须采用水下测试树。水下测试树随测试管柱下入，其安装位置位于水下防喷器组内部，并要求与之连接组合的装置与防喷器组中的环形防喷器，半、全封闸板防喷器安装位置相对应。在水下测试树组件安装过程中，需由其下部的槽式悬挂器适配器进行多次调节，使其处于有效位置，以保证在关井过程中防喷器组可紧密封隔水下测试树外部环空，保护海底控制系统装置，防止井内高压油气喷出或泄漏。同时，在紧急情况下，可保证防喷器剪切闸板对准测试管柱剪切短节进行剪切，以快速断开测试管柱，实现钻井船快速撤离。水下测试树是高温高压油气井测试海底控制系统中的重要组成部分，对保证测试顺利安全完成发挥着重大作用。

5.1.2.2 水下测试树系统的组成

水下测试树系统包括水下测试树、滞留阀、防喷阀、地面控制面板、脐带缆绞车、直接液压控制系统，如图5-3所示。

（1）水下测试树。

水下测试树是整个水下测试树系统的核心工具，其主要用于紧急情况时的应急解脱以及回接，保证整个测试过程安全进行。其结构如图5-4所示。

水下测试树的功能、特点主要有：

① 独立的双球阀装置，使得上球阀剪切钢丝或盘管时，下球阀处于打开位置，这样可以保证下球阀不被损坏，从而保证了下球阀的密封作用。

② 水下测试树很短，保证了水下测试树不影响防喷器组件的2个闸板关闭，盲板也可

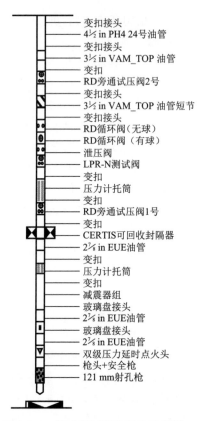

图5-2　一趟式测试管柱结构示意图

变扣接头
4½ in PH4 24号油管
变扣接头
3½ in VAM_TOP 油管
变扣
RD旁通试压阀2号
变扣接头
3½ in VAM_TOP 油管短节
变扣
RD循环阀（无球）
RD循环阀（有球）
泄压阀
LPR-N测试阀
变扣
压力计托筒
变扣
RD旁通试压阀1号
变扣
CERTIS可回收封隔器
2⅞ in EUE油管
变扣
压力计托筒
减震器组
玻璃盘接头
2⅞ in EUE油管
玻璃盘接头
2⅞ in EUE油管
双级压力延时点火头
枪头+安全枪
121 mm射孔枪

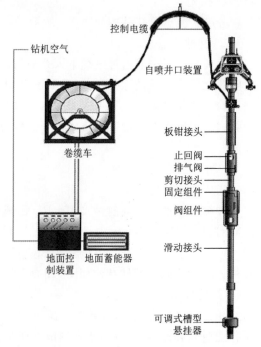

控制电缆
钻机空气
自喷井口装置
卷缆车
板钳接头
止回阀
排气阀
剪切接头
固定组件
阀组件
滑动接头
地面控制装置
地面蓄能器
可调式槽型悬挂器

图5-3　某水下测试树系统示意图

在水下测试树上面进行剪切,且不损坏水下测试树。

③ 2个球阀能从下部承受压力,且上部球阀也能承受来自球阀上部的压力。

④ 具有泵通功能。

⑤ 具有剪切钢丝或连续油管能力。

⑥ 具有化学注入功能(双单流阀)。

⑦ 具有液压和机械2种解脱功能。

(2)滞留阀。

滞留阀处于水下测试管柱解脱管柱的底部。测试过程中遇到紧急撤离时,在进行上部管柱卸开之前,自动关闭滞留阀,保证管柱与测试安全阀解脱后,其内的油气水不会泄漏到海里污染环境。其结构如图5-5所示。

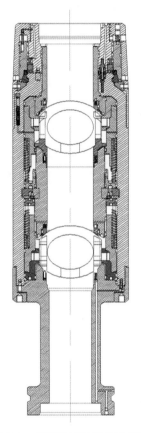

图5-4　水下测试树结构示意图

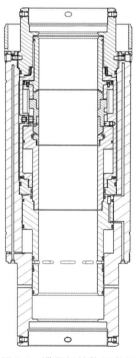

图5-5　滞留阀结构示意图

滞留阀的功能、特点主要有:

① 失效球阀状态不变。

② 球阀能够承受来自上部的压力。

③ 互锁功能。

④ 解脱时,能够快速将其与水下测试树之间的全部压力泄至隔水套管。

(3)防喷阀。

防喷阀主要应用于克服浮式钻井船的钢丝作业带来的井控问题。防喷阀通过地面的双液压管线控制,一条控制球阀的打开,另一条则控制关闭。球阀总成设计成差压式,球阀关闭时,从下部加压可以锁紧球阀,相反差压则可以从上面打开球阀,达到压井的目的。其结构如图5-6所示。

防喷阀的功能、特点有:

① 通常下入转盘下30 m。

② 失效球阀状态不变。

③ 球阀能够承受来自上部、下部的压力。

④ 具有泵通功能。

⑤ 具有化学注入功能(双单流阀)。

(4)地面控制面板。

用于控制水下测试树功能开启和关闭。控制面板的特点:高压输出,气驱高压泵2台,低压泵1台,干净罐与回收罐能够内部循环,过滤控制液,具有高压储能器、应急停止按钮。地面控制面板如图5-7所示。

图 5-7 地面控制面板实物图

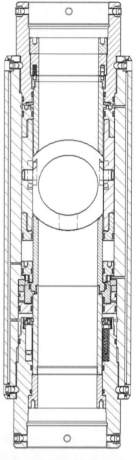

图 5-6 防喷阀结构示意图

(5)脐带缆绞车。

脐带缆一般包含以下管线:4条¼ in 液压管线,1条¼ in 水下测试树化学注入通道(备用),1条½ in 井下化学注入管线,3条电缆(EDAS+Primary & Secondary SOV)。脐带缆绞车实物和脐带缆截面如图5-8所示。

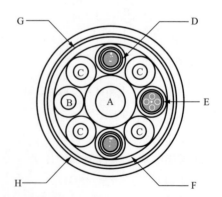

图 5-8 脐带缆绞车实物图和脐带缆截面示意图

A—½ in 10 000 psi井下化学注入管线;B—¼ in 10 000 psi水下树化学注入管线;C—¼ in 液控管线;D—SOV 电缆;
E—EDAS 数据采集电缆;F—填充材质(聚乙烯);G—填充材质(编织纤维);H—填充材质(实心聚乙烯)

（6）直接液压控制系统。

直接液压控制系统由全液压动力装置、控制面板和小型卷缆车设备组成。地面设备几乎不占用甲板空间，非常适用于浅水的狭窄作业平台。如果需要断开，液压信号会沿着控制电缆传送到地下硬件，关闭信号到达水下设备的时间随着水深和控制电缆软管的增加而延长。直接液压控制系统兼容任何一种水下井控系统，可用于固定平台作业。

5.1.3　压控式测试工具

海上高温高压压控式测试工具包括以下部件：测试阀、井下取样器、油管试压阀、RD 循环阀等。

5.1.3.1　测试阀

测试阀是测试管柱上的关键工具，一般在入井过程中保持关闭状态。当所有测试管柱完全下至设计位置，并且电测校深合格，射孔枪正对射孔层位，整个测试管柱及地面流程试压合格后，在射孔开井前，一般通过环空压力操作打开，并且环空保持一定压力，确保测试放喷求产过程中始终处于开启状态。放喷求产结束后，通过泄掉环空压力来关闭测试阀，达到压力恢复的目的。一般测试阀还可以多次开关，在压井过程中配合使用。

目前海上高温高压测试管柱常用测试阀及其参数见表 5-1。

表 5-1　海上高温高压测试管柱常用测试阀及其参数

名　称	生产厂家	压力等级/psi	工作温度/℃	操作方式	能否开启下井	有无锁开功能
LPR-N 测试阀	哈里伯顿	15 000	204	环空压力	能	无
STV 选择测试阀	哈里伯顿	15 000	204	环空压力	能	有

（1）LPR-N 测试阀。

① 结构及原理。

LPR-N 测试阀是一种套管井内使用的大通径、环空压力操作的井下测试开关阀。这种测试阀不需要操作管柱，并在要求使用全通径测试管柱的情况下，通过环空压力操作可多次开关井。压控测试阀由球阀部分、动力部分和计量部分 3 个基本部分组成，如图 5-9（彩图 8）所示。球阀部分主要由上球阀座、偏心球、下球阀座、控制臂、夹板、球阀外筒组成；动力部分由动力短节、动力心轴、动力外筒、氮气腔、充氮阀体、浮动活塞等组成；计量部分主要由伸缩心轴、计量短节、计量阀、计量外筒、硅油腔、平衡活塞等组成。平衡活塞一端是硅油腔，另一端与环空相通。

LPR-N 测试阀是整个管柱的一件主要工具，由它来实现开关井。在地面对 LPR-N 阀预先充好氮气，管柱在下井过程中，环空压力作用在补偿活塞上，球阀始终处于关闭位置。封隔器坐封后，关闭防喷器，向环空加压，压力传到动力心轴使其下移，带动操作臂使球阀转动，打开球阀，实现开井。释放环空压力，在氮气压力作用下，动力心轴上移带动操作臂，使球阀关闭，实现关井。如此反复操作，从

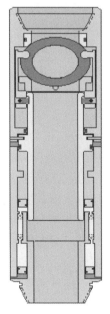

图 5-9　LPR-N 测试阀结构示意图

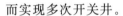

而实现多次开关井。

② 特点及优势。

LPR-N 测试阀操作压力低,方便简单,在浅井、深井、大斜度井、高温高压井等特殊井作业中效果明显。全通径对于高产量井的测试特别有利,可有效利用时间,对地层进行酸洗或挤注作业,还可进行各种钢丝作业。LPR-N 测试阀球阀上下开启压力为 35 MPa,当接近或超过此压差时,球阀很难开启。即使勉强打开,对球阀和球阀密封面也会造成损伤,这在许多井的使用中已得到验证。LPR-N 测试阀的操作压力一般固定在 10 MPa 左右。LPR-N 测试阀对工具下井速度、操作工具时地面打压速度及球阀关闭后再开启的间隔时间都有严格的要求,超出这些要求,LPR-N 测试阀的开关井可能失常。

③ 性能参数,见表 5-2。

表 5-2 LPR-N 测试阀性能参数

尺寸型号/mm	外径/mm	内径/mm	长度/cm	额定温度/℃	工作压力/MPa
76.20	77.72	28.45	426.11	232	68.9
98.43	99.06	45.72	507.7	232	68.9
127.00	127.76	57.15	485.90	232	103.4
177.80	177.80	88.90	493.17	232	68.9

(2) 选择性测试阀。

① 结构及原理。

选择性测试阀是最新研制开发的全通径,由环空压力操作,可锁定开井的新一代测试阀。它克服了以往全通径地层测试工具的种种缺点和不足,在结构和性能上有了本质的创新,不仅使一般井下条件下的测试更加简便、安全、可靠、准确,更适应于高温、高压、深井、气井的地层测试。

选择性测试阀由球阀部分、动力部分、换位部分、氮腔部分及压力收集部分组成。选择性测试阀取消了 LPR-N 测试阀的计量部分,增加了换位部分和压力收集部分。

选择性测试阀通过施加于操作心轴上的环空压力来控制球阀开关。操作心轴一边承受环空压力,一边承受氮气压力及弹簧力。工具在下井过程中,环空液体通过压力收集系统进入氮气室,推动氮气活塞上移,使操作心轴上的氮气压力与静液柱压力保持平衡。在弹簧力的作用下操作心轴不会下移,保证了球阀处于关闭状态。封隔器坐封后,隔断环空与管柱内的压力,这时当从环空加少量泵压时,压力收集系统的压差套由于压力失衡而上移,从而封闭压力收集系统。继续向环空加泵压,由于氮气压力不再增加而使操作心轴上、下的环空压力和氮气压力失衡,环空压力会克服氮气压力及弹簧力,使操作心轴下移,从而带动球阀旋转打开。为了达到球阀锁开状态,在正常操作压力上再增加约 1 300 psi,此时在动力套顶部和氮气腔之间形成较大的压差,该压差超过动力套中泄压阀的设定压力打开泄压阀。这样圈闭于操作活塞和动力套之间的流体就会流过,使操作联结器运动到动力套台肩处,在这个位置,选择器换位轨道中的滚珠在轨道中运动所产生的旋转运动使得选择器上的花键和联结器的花键槽之间对直,不能再传递轴向力。环空快速泄压后,由于换位锁定装置的作用,使球阀仍保持打开状态。再次向环空施加操作压力,会解除球阀锁定,环空快速泄压后,球阀关闭。如此反复加压、泄压，可以实现多次开、关井作业。

② 特点及优势。

在锁定开井状态下，可从容进行起下钻操作，增加起下钻操作的安全性，加强油气控制。这对于试油井的特殊作业将有极大的益处。另外，在进行洗井作业过程中，可将测试工具以下的地层液体替换出来，彻底洗通井筒，保证施工安全。这是比 LPR-N 测试阀更先进的性能特点。选择性测试阀用压力收集系统取代了 LPR-N 测试阀中的计量套，用独特的球阀机构代替了进口的球，工具其他零部件完全实现了国产化。这对于工具的维护、保养提供了较大便利，节约了更多的成本，提高了综合效益。

通过其锁定功能，在开井后将其功能位置锁定于开井状态，环空泄压打开防喷器，这样套管和测试管柱之间的环空由封闭空间变成开放空间，开井后高产流体所带来的环空和管柱温度上升将不会对环空压力造成影响，避免了井下功能阀的意外操作，消除了高温对闸板胶皮的损伤。如果在选择性测试阀以下设置循环阀，则反循环点位置较常规更低，将节约压井时间，降低成本，增加安全系数，在高温高压井和高含气井测试中该优点更为突出。在特殊井作业中可以在锁开状态下取代旁通阀，解决插入或起出测试管柱压差阻力，从而简化管柱设计，减少风险。

③ 性能参数，见表5-3。

表 5-3　选择性测试阀性能参数

尺寸型号/mm	外径/mm	内径/mm	长度/cm	额定温度/℃	工作压力/MPa
98.43	99	46	982.9	232	103.4
127.00	127.76	57.15	726.69	232	103.4
177.80	177.80	88.90	716.28	232	68.9

5.1.3.2　井下取样器

井下取样器用于油气井测试过程中圈闭地层流体样品，单相取样器还可以取得储层温压条件下的单相流体样品。

高品质地下高压物性（PVT）样品有助于正确识别流体类型和性质、客观评估油田储量，为油田开发方案制定，以及采油、地面和输送工艺设计提供依据。压控式井下 PVT 取样新技术通过钻杆输送、环空压力操作触发取样器，一趟测试管柱可以获取多个高品质井下单相地层流体样品，节省8～24 h 的钻机时间，可解决高难度、高风险井地层测试井下 PVT 取样的难题。

海上高温高压井常用井下取样器基本信息见表5-4。

表 5-4　海上高温高压井常用井下取样器基本信息

名　称	生产厂家	携带取样器数量/个	样品容积（单只托筒）/mL	取样方式	有无保压功能
RD 取样器	哈里伯顿	无	1 200	破裂盘，环空压力操作	无
SIMBA 取样器	哈里伯顿	2	1 200	破裂盘，环空压力操作	有
AMADA 取样器	哈里伯顿	8	2 400	破裂盘，环空压力操作	有
SCAR 取样器	斯伦贝谢	9	3 600	破裂盘，环空压力操作	有

（1）RD 取样阀。

RD 取样阀为全通径取样阀,在圈闭样品后仍然保持原状态。在一次测试作业中下入多个 RD 取样阀,可在不同时间取得样品。取样阀由一个环空加压操作的 RD 破裂盘控制。工具有一压差取样心轴,取得样品只需环压击破破裂盘。破裂盘击破后,环压作用于压差取样心轴,推动心轴向上运动圈闭样品。当取样心轴上移至顶端位置,锁块将心轴锁死。取样腔容积为 1 200 mL,此容积足够提供 2 个 500 mL 的 PVT 样品。由于取样心轴上有一活塞,只需对这个活塞加压即可排出全部样品,因此不需要使用水银来转样。

RD 取样阀性能参数见表 5-5。

表 5-5　RD 取样阀性能参数

尺寸型号/mm	外径/mm	内径/mm	额定温度/℃	工作压力/MPa	长度/cm	单只托筒容积/mL
98.43	99.06	45.72	232	103.4	332.74	1 200
127.00	127.76	57.91	232	103.4	208.28	1 200

（2）SCAR 取样器。

取样时将多支单相 PVT 取样器及 1～2 支存储式压力计预先安装在取样器托筒上,并随测试管柱下入井下预定深度,测试期间操作环空压力击穿破裂盘,激活取样器压力触发机构,实现在开井流动期的井下取样。保压时取样器采用预充氮气进行压力补偿,在返回地面过程中可消除样品因温度降低引起的样品压力降低,使回到地面的样品保持与井底所处压力相同甚至更高,从而获得高质量的单相地层流体样品。其结构如图 5-10（彩图 9）所示,性能参数见表 5-6。

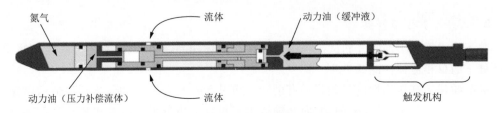

图 5-10　SCAR 取样器结构示意图

表 5-6　SCAR 取样器性能参数

型　号	SCAR-A	SCAR-B	SCAR-C
长度/m	6.96	5.73	5.73
外径/mm	196.85	139.70	133.35
内径/mm	57.15	57.15	57.15
工作压力/MPa	68.9	103.4	68.9
额定温度/℃	177	177	177
单只托筒容积/L	3.6	2.4	2.4
适用油管尺寸/mm	244.48	177.80	177.80

5.1.3.3　油管试压阀

当测试工具组合完毕,使用固井泵或手压泵通过油管试压阀对测试工具组合试压,在油管下入过程中,每下一定数量油管,可通过此阀对整个测试管柱试压。有的油管试压阀为球阀,下入过程中,需要定期向油管内灌入测试液;有的油管试压阀为碟阀,下入过程中自动灌浆。

常用海上高温高压油管试压阀基本信息见表 5-7。

表 5-7　常用海上高温高压油管试压阀基本信息

名　　称	生产厂家	工作压力/psi	工作温度/℃	有无自动灌液功能	有无旁通功能	操作方式
TST 试压阀	哈里伯顿	15 000	204.4	有	无	管柱内外压差操作
RD TST 试压阀	哈里伯顿	15 000	204.4	有	无	环空压力
RD 旁通试压阀	哈里伯顿	15 000	204.4	无	有	环空压力
TFTV	斯伦贝谢	15 000	204.4	有	有	环空压力

RD 旁通试压阀是利用 RD 循环阀的原理进行改良的产品,其工作过程与循环阀正好相反,工具入井时,球阀关闭、旁通孔开启,通过旁通孔实现管柱内外连通,泄流球阀下部由于管柱插入形成高压。开井前通过环空压力操作,击碎破裂盘,心轴下移关闭旁通孔,实现测试管柱与环空的隔绝,同时工具上部球阀开启进入测试状态。除了旁通功能,该工具还具备试压功能,由于入井时球阀处于关闭状态,在管柱入井的任何时候都可以对该阀之上的整个管柱密封性进行检验,这对于高温高压井来说至关重要。RD 旁通试压阀如图 5-11(彩图10)所示,其性能参数见表 5-8。

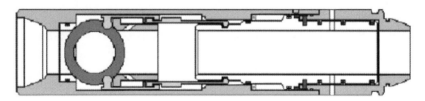

图 5-11　RD 旁通试压阀结构示意图

表 5-8　RD 旁通试压阀性能参数

尺寸型号/mm	外径/mm	内径/mm	长度/cm	额定温度/℃	工作压力/MPa
127	127.76	57.91	184.00	232	103.4

5.1.3.4　其他工具

(1) RD 安全循环阀和 RD 循环阀。

RD 安全循环阀是一种用于套管井内靠环空压力操作的全通径安全阀,此工具主要用在油气井测试结束时封隔油气层和将地层流体反循环出管柱。同时在该阀的球阀和测试阀的球阀之间,可圈闭一段地层流体样品。

RD 安全循环阀主要由以下 3 部分组成:

① 循环部分。包括循环孔、滑动密封心轴。在未打开循环阀的情况下,位于外筒的循

环孔由心轴和 2 条密封圈将其封闭;打开循环阀时,心轴下移,循环孔内外连通,从而实现环空与管柱内部的连通。循环孔相对流动内径为 2 in。

② 动力部分。提供操作剪切心轴和下部球阀所需的动力。剪切心轴与压差外筒间构成一气室,气室内压力基本上只是地面组装时封闭进去的大气压力。剪切心轴台阶上部空间与环空之间由破裂盘隔开。当环空加压使破裂盘破裂后,环空压力就作用到剪切心轴台阶上,使剪切心轴下移,剪断销钉,打开循环孔,同时推动球阀转到关闭位置。

③ 球阀部分。包括球阀总成、操作臂和弹簧爪。弹簧爪嵌在剪切心轴下端的槽内。剪切心轴下移,弹簧爪推动操作臂转动球阀,关闭球阀。剪切心轴下移一段距离使球阀转动关闭后,弹簧爪进入压差外筒下部较大内径处,弹簧爪得到释放。剪切心轴能继续下移,直至循环孔打开。

RD 安全循环阀性能参数见表 5-9。

表 5-9　RD 安全循环阀性能参数

尺寸型号/in	外径/mm	内径/mm	长度/cm	额定温度/℃	工作压力/MPa	循环孔个数
3⅞	99.06	38.10	180.01	204	103.4	4
5	127.76	57.15	172.77	204	103.4	4

如果将 RD 安全循环阀的球阀部分卸去,换上一个下接头,此工具就变成了一个单作用的 RD 循环阀。

(2)伸缩接头。

伸缩接头主要用于半潜式钻井平台上的全通径地层测试、悬挂式测试以及压裂和酸化作业中,也可以用在陆上或自升式平台上的测试中,用于补偿平台的浮动或是管柱因温度变化而产生的收缩和伸长。

伸缩接头由上部方心轴、密封扭矩外筒、活塞、缸套(上外筒)、差动心轴(下心轴)、连接短节和下外筒等主要部件组成。

每个伸缩接头有 1.524 m 的行程,为了获得较大的自由行程,可以多个伸缩接头串联使用。

伸缩接头性能参数见表 5-10。

表 5-10　伸缩接头性能参数

尺寸型号/in	外径/mm	内径/mm	长度/cm	额定温度/℃	工作压力/MPa
3⅞	99.06	45.72	457.2	204	103.4
5	127.76	57.15	457.2	204	103.4

5.1.4　封隔器

测试封隔器一般下在油气层顶部 50～150 m 范围内,达到封隔油套环空的目的,可保证储层流体通过测试管柱进入地面测试流程,同时在油套环空,可以通过压力操作来控制 DST 测试工具。封隔器选型的正确与否,温度、压力等级及橡胶件的耐腐蚀情况是否满足井况要求,测试过程中封隔器的稳定性及可靠性,均是测试作业能否顺利达到地质目的的关键因素。

海上高温高压气井常用测试封隔器参数见表 5-11。

表 5-11　海上高温高压气井常用测试封隔器参数

名　称	扣　型	外径/in	内径/in	长度/m	工作压力/psi	工作温度/℃
7″XHP 封隔器	3-7/8 CAS	5.75	2.25	3.09	15 000	204
CERTIS 封隔器	3.5 PH6 * 2-7/8 EUE P	5.817	2.25	14.7	15 000	221
7″FB3 永久封隔器	3.5 VAM_TOP	5.77	4/2.75	12	15 000	204
7″昆腾封隔器	4.5 PH4	5.808	4/2.967	7	10 000	176.7

从前期高温高压井使用的 RTTS 封隔器、XHP 封隔器,逐步完善为耐温压等级更高,安全系数更大的 7″FB3 永久封隔器;最近又引进了 SLB 的耐温等级更高的 CERTIS 封隔器,一趟下入,环空加压坐封,在使用上更方便安全。

5.1.4.1　昆腾封隔器

该封隔器属于可回收式封隔器,满足封隔器的 ISO 14310 资格认证 V3 标准,即液体测试＋纵向负重＋温度变化测试。

封隔器连接密封延伸筒与坐封工具组装后,用钻杆送到设计深度,电测校深调整位置,通过投球液压坐封方式坐封,坐封后进行压力测试,确保坐封成功,脱手并起出坐封工具。测试作业结束,下入回收工具插入封隔器后,通过过提可解封封隔器,实现封隔器的回收,为后期完井保留完整的井筒。封隔器的密封延伸筒携带射孔枪组合及防砂筛管,随测试管柱下入,插入并通过封隔器密封延伸筒,下到射孔层位,插入密封总成与封隔器及密封延伸筒配合密封,实现封隔功能。

昆腾封隔器如图 5-12 所示,其性能参数见表 5-12。

图 5-12　昆腾封隔器结构示意图

表 5-12　昆腾封隔器性能参数

适用套管尺寸/in	使用套管磅级 /(lb · ft^{-1})	外径/mm	内径/mm	额定温度/℃	工作压力/MPa
7	26～29	152.4	101.7	177	68.9
7	32～35	147.6	101.7	177	68.9
9.625	43.5～47	214.4	152.5	177	68.9
9.625	47～53.5	210.8	120.7	177	68.9
9.625	53.5	210.8	152.5	177	68.9
9.625	53.5	214.1	143.5	177	103.4

5.1.4.2　FB3 封隔器

FB3 封隔器根据其尺寸不同,额定压差最高能达到 15 000 psi。为了适应高压环境,封隔器的通径应尽可能大,特殊设计的密封元件使得在极高压应用环境中不需要使用金属丝网。封隔器本体底部加工成优质螺纹扣,和密封延长筒连接,增加了密封装置的可靠性。可以根据井况等需要选择使用标准电缆和钻杆坐封工具进行下入和坐封。

FB3 封隔器如图 5-13 所示,其性能参数见表 5-13。

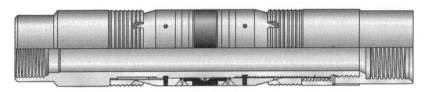

图 5-13　FB3 封隔器结构示意图

表 5-13　FB3 封隔器性能参数

适用套管尺寸/in	套管磅级/(lb · ft⁻¹)	外径/mm	内径/mm	额定温度/℃	工作压力/MPa
5	26.7	91.29	60.71	232	103.4
7	26	152.40	101.60	204	103.4
7	35	144.80	101.60	204	103.4

5.1.4.3　CERTIS 封隔器

CERTIS 高集成化油气藏测试封隔器系统整合了传统可回收式封隔器的大部分特性和液压坐封永久式封隔器的特性,内置可滑动插入密封总成,避免使用钻铤和伸缩接头。下钻时封隔器的插入式心轴锁止于封隔器本体,在密封筒内形成密封。当管柱到位调整好深度后,在环空内加压启动坐封机构,压力推开双向卡瓦、关闭旁通并压缩密封筒进行坐封。这时正向棘轮机构将封隔器锁止于坐封位并保持坐封力。一旦坐封,插入密封和封隔器本体解除锁止,插入密封可在密封筒内自由活动,像生产完井封隔器一样形成滑动密封。直拉上提管柱可解除锁止环并剪断释放环内的限位销,收回卡瓦解封封隔器。继续上提可打开封隔器旁通以防起钻抽吸。射孔枪悬挂于封隔器本体而非插入式心轴,避免封隔器坐封后射孔枪随心轴发生位移。

CERTIS 封隔器系统包括四大主要部分:坐封机构、封隔器本体、插入密封和封隔器旁通、解封机构。而且可以选装下部循环阀(BPCV),以便更有效地压井。当测试作业结束后,可在解封前开启下部循环阀,从封隔器下部反循环出残余气体。还可以选装"open-perf"防环空漏失接头,以便在裸眼井和前期射过孔的套管井内通过环空加压坐封封隔器。

CERTIS 封隔器如图 5-14 所示,其性能参数见表 5-14。

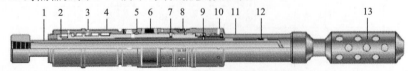

图 5-14　CERTIS 封隔器结构示意图

1—插入式心轴;2—心轴限位环;3—破裂盘;4—坐封机构;5—棘齿锁;6—胶筒;

7—旁通;8—卡瓦;9—释放环;10—下部循环阀;11—密封筒;12—插入密封;13—射孔枪

表 5-14　CERTIS 封隔器性能参数

适用套管尺寸/in	7	7	7
适用套管磅级/(lb·ft^{-1})	32	35	38
外径/mm	150.0	147.8	145.6
内径/mm	57.2	57.2	57.2
工作压力/MPa	103.4	103.4	103.4
额定温度/℃	221	221	221
总体长度/m	14.7	14.7	14.7

5.2　高温高压测试管柱力学分析

海上高温高压测试管柱设计是测试工程设计的关键技术之一。控制测试管柱的施工作业参数及测试管柱内外流体性质、掏空深度以及井口油压和套压等,确保各工况下测试管柱的强度及井下封隔器安全,关键是在设计阶段详细分析测试管柱受力、变形及强度,从而确定出各工况下的极限操作参数。

5.2.1　高温高压测试管柱受力特点

海上测试管柱尺寸一般在泥线以上和泥线以下发生变化。泥线以上多用 4½ in 油管,而泥线以下可以用 3½ in 油管,根据需要泥线以下可以使用复合油管。

海上测试管柱最大的特点是在海底井口处,管柱的轴向力和位移受到约束。因此管柱的强度分析可以从海底井口处分开研究。

5.2.1.1　泥线以上测试管柱

泥线以上测试管柱结构相对简单,约束和受力比较复杂。油管下端可以看作固定端连接,上端为悬挂式连接。随着钻井船的起伏和摇摆,隔水管也跟着摇摆,油管在隔水管中,其变形细节无法精确获得,只能通过假设来描述。泥线以上钻井船和隔水管如图 5-15 所示。

泥线以上测试油管处在充满压力液的隔水管内,其上端通过大钩悬吊与浮式船体相连,其下端坐落在海底井口。在测试过程中,油管内壁将承受高温高压油气流作用,其外壁受到来自压力液的静水压力作用。同时,泥线以上测试油管组合的整体受力与变形还必然受到当地海况及船体浮动的影响。另外,隔水管通过升沉补偿装置与半潜式钻井船船体铰接,它的横向摇摆对泥线以上测试油管组合的弯曲变形有影响。实际作业中通过增加扶正器加以避免,保证测试作业各工况的顺利进行。

5.2.1.2　泥线以下测试管柱

泥线以下测试管柱的组成、受力与约束与陆上油气井没有实质区别,如图 5-16 所示。管串上端悬挂在海底井口,下端受封隔器或伸缩节约束。

海上高温高压测试一般采用测-射联作方式,即一趟管柱完成射孔和测试作业。根据不同的需要,封隔器的使用也有变化,主要有永久性封隔器、可回收封隔器。

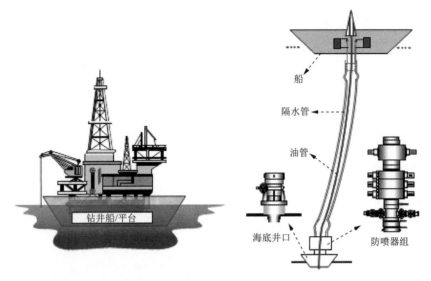

图 5-15　泥线以上钻井船和隔水管示意图

如果使用永久性封隔器,则在测-射联作作业中,管柱下部为插入管,此时管柱下端的插入管可以相对封隔器自由滑动,二者的相对位置由管柱整体变形决定。当管柱轴向缩短时,插入管上移,过量的变形会引起密封失效,造成油气泄漏事故;当油管轴向伸长时,插入管下移,过量的变形会引起管柱与封隔器挤压,油管弯曲加剧,造成油管永久性变形和蹩坏封隔器等井下工具。

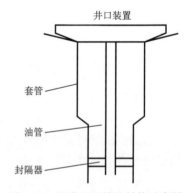

图 5-16　泥线以下管柱结构示意图

如果使用可回收封隔器,测试管柱一般要配合使用伸缩节,以调节管柱长度变化。在作业中管柱下端可以轴向移动。在伸缩节的可伸缩范围内,油管柱下端的插入管可以相对伸缩节自由滑动,二者的相对位置由管柱整体变形决定。当管柱轴向缩短过量时,会引起封隔器受上提力,造成解封事故;当油管轴向伸长过量时,会引起管柱下压封隔器,油管弯曲加剧,造成油管永久性变形和蹩坏封隔器等井下工具。

5.2.2　高温高压井井筒温度、压力场计算

精确掌握井筒内压力、温度的分布,对于高温高压气井测试期间的井筒和管柱安全有着至关重要的意义。本节以传热学以及流体力学相关理论和动量守恒、能量守恒方程为基础,建立了预测井筒压力场、温度场分布的耦合计算模型,通过递推迭代,可以对所得模型进行求解。

5.2.2.1　井筒温度场计算

（1）井筒温度场模型的建立。

建立气井井筒单相温度压力分布模型时,假设以下条件:

① 气体在井筒中稳定流动,在井筒内任意截面上,各点温度、气体参数等相同。

② 井筒内部的传热为稳态传热,井筒周围到其余界面为非稳态传热,且热损失为径向,沿井深方向不存在。

（2）假设地层温度具有线性分布的特性，且地温梯度已知。

井筒流体能量平衡机制如图5-17所示，井与水平面的夹角为θ，并且深度坐标z取向下为正。

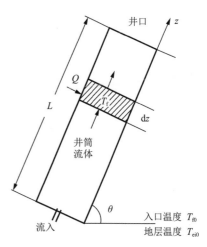

图5-17　井筒流体能量平衡机制

能量平衡方程用单位长度控制体积的地层吸收热流量Q、流入流出的对流能量表示。

能量平衡方程为：

$$\frac{\mathrm{d}}{\mathrm{d}z}\left[w\left(H+\frac{1}{2}v_{\mathrm{m}}^{2}+gz\sin\theta\right)\right]-Q=0 \qquad (5\text{-}1)$$

从地层中吸收的热量Q为：

$$Q=wc_{p}(T_{e}-T_{f})L_{R} \qquad (5\text{-}2)$$

式中　g——重力加速度，$9.81\ \mathrm{m/s^2}$；

$\quad\quad v_{\mathrm{m}}$——流体流速，$\mathrm{m/s}$；

$\quad\quad \theta$——井筒轴线与水平方向的夹角，$(°)$；

$\quad\quad H$——比焓，$\mathrm{J/kg}$；

$\quad\quad w$——流体质量流量，$\mathrm{kg/s}$；

$\quad\quad T_{e}$——任意深度处的原始地层温度，K；

$\quad\quad T_{f}$——任意深度处油管中流体温度（随井深变化），K；

$\quad\quad c_{p}$——油管内流体比热容，$\mathrm{J/(kg\cdot K)}$；

$\quad\quad L_{R}$——松弛距离系数。

$$L_{R}=\frac{2\pi}{c_{p}w}\left[\frac{r_{\mathrm{to}}U_{\mathrm{to}}K_{e}}{K_{e}+r_{\mathrm{to}}U_{\mathrm{to}}f(t)}\right]$$

式中　K_{e}——地层导热系数，$\mathrm{W/(m\cdot K)}$；

$\quad\quad f(t)$——Ramey无因次时间函数；

$\quad\quad U_{\mathrm{to}}$——井筒系统总传热系数，$\mathrm{J/(s\cdot m^{2}\cdot K)}$；

$\quad\quad r_{\mathrm{to}}$——油管外径，$\mathrm{m}$。

对于气液两相流，混合物的焓和压力梯度、温度梯度的关系为：

$$\frac{\mathrm{d}H}{\mathrm{d}z}=\left(\frac{\partial H}{\partial p}\right)_{T_{f}}\frac{\mathrm{d}p}{\mathrm{d}z}+\left(\frac{\partial H}{\partial T_{f}}\right)_{p}\frac{\mathrm{d}T_{f}}{\mathrm{d}z} \qquad (5\text{-}3)$$

其中气液两相流的焓对温度的变化率即为气体的定压比热容c_{pm}，可表示为：

$$\left(\frac{\partial H}{\partial p}\right)_{p}=c_{pm} \qquad (5\text{-}4)$$

气液两相流的焦-汤（焦耳-汤姆逊）系数的定义为：

$$c_{jm}=\left(\frac{\partial T_{f}}{\partial p}\right)_{H}=-\frac{(\partial H/\partial p)_{T_{f}}}{(\partial H/\partial T_{f})_{p}} \qquad (5\text{-}5)$$

综上可得：

$$\left(\frac{\partial H}{\partial p}\right)_{T_{f}}=-c_{jm}c_{pm} \qquad (5\text{-}6)$$

在稳态流动条件下质量流量w与井的深度无关，方程（5-1）改写为：

$$\frac{\mathrm{d}}{\mathrm{d}z}\left[w\left(H+\frac{1}{2}v_{\mathrm{m}}^{2}+gz\sin\theta\right)\right]-Q=w\left(\frac{\mathrm{d}H}{\mathrm{d}z}+v_{\mathrm{m}}\frac{\mathrm{d}v_{\mathrm{m}}}{\mathrm{d}z}+g\sin\theta\right)-Q=$$

$$w\left(c_{pm}\frac{\mathrm{d}T_{\mathrm{f}}}{\mathrm{d}z}-c_{jm}c_{pm}\frac{\mathrm{d}p}{\mathrm{d}z}+v_{\mathrm{m}}\frac{\mathrm{d}v_{\mathrm{m}}}{\mathrm{d}z}+g\sin\theta\right)-wc_{pm}(T_{\mathrm{e}}-T_{\mathrm{f}})L_{\mathrm{R}}=$$

$$wc_{pm}\left(\frac{\mathrm{d}T_{\mathrm{f}}}{\mathrm{d}z}-c_{jm}\frac{\mathrm{d}p}{\mathrm{d}z}+\frac{v_{\mathrm{m}}}{c_{pm}}\frac{\mathrm{d}v_{\mathrm{m}}}{\mathrm{d}z}+\frac{g\sin\theta}{c_{pm}}\right)-wc_{pm}(T_{\mathrm{e}}-T_{\mathrm{f}})L_{\mathrm{R}}=0 \tag{5-7}$$

式(5-7)可改为：

$$\frac{\mathrm{d}T_{\mathrm{f}}}{\mathrm{d}z}=(T_{\mathrm{e}}-T_{\mathrm{f}})L_{\mathrm{R}}-\frac{g\sin\theta}{c_{pm}}-\frac{v_{\mathrm{m}}}{c_{pm}}\frac{\mathrm{d}v_{\mathrm{m}}}{\mathrm{d}z}+c_{jm}\frac{\mathrm{d}p}{\mathrm{d}z} \tag{5-8}$$

求解式(5-8)，与之前求解压力分布的方法类似，将全井段分为若干段，对每一段内的温度分别进行计算，在该段内可以将 c_{pm}，c_{jm}，$\frac{\mathrm{d}v_{\mathrm{m}}}{\mathrm{d}z}$，$\frac{\mathrm{d}p}{\mathrm{d}z}$ 视为常数，则得到下式：

$$T_{\mathrm{f}}=Ce^{-L_{\mathrm{R}}z}+T_{\mathrm{e}}+\frac{1}{L_{\mathrm{R}}}\left(-\frac{g\sin\theta}{c_{pm}}-\frac{v_{\mathrm{m}}}{c_{pm}}\frac{\mathrm{d}v_{\mathrm{m}}}{\mathrm{d}z}+c_{jm}\frac{\mathrm{d}p}{\mathrm{d}z}\right) \tag{5-9}$$

将边界条件 $z=z_{\mathrm{in}}$ 时，$T_{\mathrm{f}}=T_{\mathrm{fin}}$，$T_{\mathrm{e}}=T_{\mathrm{ein}}$ 带入式(5-9)得：

$$C=\left[T_{\mathrm{fin}}-T_{\mathrm{ein}}-\frac{1}{L_{\mathrm{R}}}\left(-\frac{g\sin\theta}{c_{pm}}+c_{jm}\frac{\mathrm{d}p}{\mathrm{d}z}-\frac{v_{\mathrm{m}}}{c_{pm}}\frac{\mathrm{d}v_{\mathrm{m}}}{\mathrm{d}z}\right)\right]/e^{-L_{\mathrm{R}}z_{\mathrm{in}}} \tag{5-10}$$

将 C 值代入式(5-10)得到每一段出口处的温度为：

$$T_{\mathrm{fout}}=T_{\mathrm{eout}}+\frac{1-e^{L_{\mathrm{R}}(Z_{\mathrm{in}}-Z_{\mathrm{out}})}}{L_{\mathrm{R}}}\left(-\frac{g\sin\theta}{c_{pm}}+c_{jm}\frac{\mathrm{d}p}{\mathrm{d}z}-\frac{v_{\mathrm{m}}}{c_{pm}}\frac{\mathrm{d}v_{\mathrm{m}}}{\mathrm{d}z}\right)+e^{L_{\mathrm{R}}(Z_{\mathrm{in}}-Z_{\mathrm{out}})}(T_{\mathrm{fin}}-T_{\mathrm{ein}}) \tag{5-11}$$

其中

$$T_{\mathrm{eout}}=T_{\mathrm{ebh}}-g_{\mathrm{T}}z_{\mathrm{out}}\sin\theta$$

$$T_{\mathrm{ein}}=T_{\mathrm{ebh}}-g_{\mathrm{T}}z_{\mathrm{in}}\sin\theta$$

式中 g_{T}——地温梯度，K/m；

T_{ebh}——井底处流体温度，K。

（3）热物性参数的计算。

① 混合物比热容。

井筒内流体的定压比热容计算公式为：

$$c_{pm}=\frac{w_{\mathrm{g}}}{w_{\mathrm{t}}}c_{pg}+\frac{w_{\mathrm{l}}}{w_{\mathrm{t}}}c_{pl} \tag{5-12}$$

式中 c_{pg}——天然气定压比热容，J/(kg·K)；

c_{pl}——液相定压比热容，J/(kg·K)；

w_{t}——混合流体质量流量，kg/s；

w_{g}——气相质量流量，kg/s；

w_{l}——液相质量流量，kg/s。

液相可认为不可压缩，而天然气定压比热容与温度、压力及拟临界压力有关，其比热容可查有关手册。

② 混合物的速度。

$$v_{\mathrm{m}}=v_{\mathrm{sg}}+v_{\mathrm{sl}} \tag{5-13}$$

式中 v_{sg}——气相混合物速度，m/s；

v_{sl}——液相混合物速度，m/s。

③ 混合物的焦-汤系数。

井筒内流体的焓可表示成：

$$\frac{\mathrm{d}H}{\mathrm{d}z}=\frac{w_{\mathrm{g}}}{w_{\mathrm{t}}}\frac{\mathrm{d}H_{\mathrm{g}}}{\mathrm{d}z}+\frac{w_{\mathrm{l}}}{w_{\mathrm{t}}}\frac{\mathrm{d}H_{\mathrm{l}}}{\mathrm{d}z} \tag{5-14}$$

其中

$$\frac{\mathrm{d}H_{\mathrm{g}}}{\mathrm{d}z}=-c_{j\mathrm{g}}c_{p\mathrm{g}}\frac{\mathrm{d}p}{\mathrm{d}z}+c_{p\mathrm{g}}\frac{\mathrm{d}T_{\mathrm{f}}}{\mathrm{d}z}$$

$$\frac{\mathrm{d}H_{\mathrm{l}}}{\mathrm{d}z}=-c_{j\mathrm{l}}c_{p\mathrm{l}}\frac{\mathrm{d}p}{\mathrm{d}z}+c_{p\mathrm{l}}\frac{\mathrm{d}T_{\mathrm{f}}}{\mathrm{d}z}$$

则

$$\frac{\mathrm{d}H}{\mathrm{d}z}=\frac{w_{\mathrm{g}}}{w_{\mathrm{t}}}\left(-c_{j\mathrm{g}}c_{p\mathrm{g}}\frac{\mathrm{d}p}{\mathrm{d}z}+c_{p\mathrm{g}}\frac{\mathrm{d}T_{\mathrm{f}}}{\mathrm{d}z}\right)+\frac{w_{\mathrm{l}}}{w_{\mathrm{t}}}\left(-c_{j\mathrm{l}}c_{p\mathrm{l}}\frac{\mathrm{d}p}{\mathrm{d}z}+c_{p\mathrm{l}}\frac{\mathrm{d}T_{\mathrm{f}}}{\mathrm{d}z}\right)=$$
$$\left(-\frac{w_{\mathrm{g}}}{w_{\mathrm{t}}}c_{j\mathrm{g}}c_{p\mathrm{g}}-c_{j\mathrm{l}}c_{p\mathrm{l}}\frac{w_{\mathrm{l}}}{w_{\mathrm{t}}}\right)\frac{\mathrm{d}p}{\mathrm{d}z}+\left(\frac{w_{\mathrm{g}}}{w_{\mathrm{t}}}c_{p\mathrm{g}}+\frac{w_{\mathrm{l}}}{w_{\mathrm{t}}}c_{p\mathrm{l}}\right)\frac{\mathrm{d}T_{\mathrm{f}}}{\mathrm{d}z} \tag{5-15}$$

则混合物的焦-汤系数为:

$$c_{j\mathrm{m}}=\frac{w_{\mathrm{g}}}{w_{\mathrm{t}}}\frac{c_{p\mathrm{g}}}{c_{p\mathrm{m}}}c_{j\mathrm{g}}+\frac{w_{\mathrm{l}}}{w_{\mathrm{t}}}\frac{c_{p\mathrm{l}}}{c_{p\mathrm{m}}}c_{j\mathrm{l}} \tag{5-16}$$

式中　$c_{j\mathrm{g}}$——气体的焦-汤系数,K/Pa;

　　　$c_{j\mathrm{l}}$——液体的焦-汤系数,K/Pa。

对于液体的焦-汤系数,假定液体为不可压缩流体,根据热力学原理得:

$$c_{j\mathrm{l}}=\left(\frac{\partial T_{\mathrm{f}}}{\partial p}\right)_{H}=\frac{1}{c_{p\mathrm{l}}}\left[T\left(\frac{\partial V}{\partial T}\right)_{p}-V\right]=\frac{1}{c_{p\mathrm{l}}}\left[T\frac{\partial}{\partial T}\left(\frac{1}{\rho_{\mathrm{l}}}\right)\Big|_{p}-\frac{1}{\rho_{\mathrm{l}}}\right]=-\frac{1}{c_{p\mathrm{l}}\rho_{\mathrm{l}}} \tag{5-17}$$

对于气体的焦-汤系数,针对一定状态下的某真实气体而言,通过状态方程 $pV=ZRT$ 来描述真实气体的压力、温度之间的关系。

$$c_{j\mathrm{g}}=\left(\frac{\partial T_{\mathrm{f}}}{\partial p}\right)_{H}=\frac{1}{c_{p\mathrm{g}}}\left[T\left(\frac{\partial V}{\partial T}\right)_{p}-V\right]=\frac{1}{c_{p\mathrm{g}}}\left[T\frac{\partial}{\partial T}\left(\frac{ZRT}{p}\right)-V\right]=\frac{1}{c_{p\mathrm{g}}}\frac{RT}{p}\left(\frac{\partial Z}{\partial T}\right)_{p} \tag{5-18}$$

以 PR 方程为基础求取压缩因子对温度的偏导,用来计算焦-汤系数。

$$c_{j\mathrm{g}}=\left(\frac{\partial T_{\mathrm{f}}}{\partial p}\right)_{H}=\frac{RT^{2}}{c_{p\mathrm{g}}p}\left(\frac{\partial Z}{\partial T}\right)_{p}=\frac{R}{c_{p\mathrm{g}}}\frac{(2r_{\mathrm{A}}-r_{\mathrm{B}}T_{\mathrm{f}}-2r_{\mathrm{B}}BT_{\mathrm{f}})Z-(2r_{\mathrm{A}}B+r_{\mathrm{B}}AT_{\mathrm{f}})}{\left[3Z^{2}-2(1-B)Z+(A-2B-3B^{2})\right]T_{\mathrm{f}}} \tag{5-19}$$

其中

$$A=\frac{r_{\mathrm{A}}p}{R^{2}T_{\mathrm{f}}^{2}}$$

$$B=\frac{r_{\mathrm{B}}p}{RT_{\mathrm{f}}}$$

$$r_{\mathrm{A}}=\frac{0.457\ 235a_{i}R^{2}T_{\mathrm{pc}i}^{2}}{p_{\mathrm{pc}i}}$$

$$r_{\mathrm{B}}=\frac{0.077\ 796RT_{\mathrm{pc}i}}{p_{\mathrm{pc}i}}$$

$$a_{i}=\left[1+m_{i}(1-T_{\mathrm{pr}i}^{0.5})\right]^{2}$$

$$m_{i}=0.374\ 6+1.542\ 3\omega_{i}-0.269\ 9\omega_{i}^{2}$$

式中　$T_{\mathrm{pc}i}$,$T_{\mathrm{pr}i}$——组分 i 的临界温度和对比温度,K;

　　　$p_{\mathrm{pc}i}$——组分 i 的临界压力,MPa;

　　　ω_{i}——组分 i 的偏心因子,无因次。

④ 瞬态传热函数。

瞬态传热函数的求解过程复杂而烦琐,较为耗时,此处采用能满足工程精度要求的近似公式:

$$f(t_D) = 1.128\ 1\sqrt{t_D}\ (1 - 0.3\sqrt{t_D})\quad (t_D \leqslant 1.5) \tag{5-20}$$

$$f(t_D) = (0.5\ln t_D + 0.406\ 3)\left(1 + \frac{0.6}{t_D}\right)\quad (t_D > 1.5) \tag{5-21}$$

其中

$$t_D = \frac{\alpha t}{r_h^2}$$

式中 α——地层扩散系数,m^2/s;

t——生产时间,s;

r_h——井眼半径,m。

⑤ 总传热系数。

海上油气井的井身结构不同于陆地油气井,二者井筒传热模型不尽相同,陆上油气井测试管柱中的流体经过管壁、管柱与套管环空、套管壁、水泥环与地层发生热交换,而海上油气井从海底泥线到海上平台段,油气井管柱中的流体则是经过管壁、管柱与隔水管环空、隔水管壁与海水发生热交换。因此,在计算海上油气井测试管柱温压场时,需将井筒分为海水段与地层段。地层段传热系数 U_{to1} 与海水段 U_{to2} 传热系数分别为:

$$U_{to1} = \left[\frac{1}{h_c + h_r} + \frac{r_{to}\ln(r_{to}/r_{ti})}{k_{tub}} + \frac{r_{to}\ln(r_{wb}/r_{co})}{k_{cem}}\right]^{-1} \tag{5-22}$$

$$U_{to2} = \left[\frac{1}{h_c + h_r} + \frac{r_{to}\ln(r_{to}/r_{ti})}{k_{tub}} + \frac{1}{h_s}\right]^{-1} \tag{5-23}$$

式中 U_{to}——井筒总传系数,$J/(s \cdot m^2 \cdot K)$;

r_{ti}, r_{to}——油管内径、外径,m;

r_{ci}, r_{co}——套管内径、外径,m;

r_{wb}——井眼半径,m;

h_f, h_c, h_r, h_s——流体温度与其表面温度差下的传热膜系数、油管与套管环空中的对流和传热换热系数、油管与套管环空中的辐射换热系数、海水的对流换热系数,$W/(m^2 \cdot K)$;

$k_{tub}, k_{cas}, k_{cem}$——油管的导热率、套管的导热率、水泥环的导热率,$W/(m \cdot K)$。

5.2.2.2   井筒压力场计算

压力分布计算的最终目的是以开发方案确定的井底流压为基础,确定生产井的井口流压,为地面工艺如节流降压或增压输送,以及为水合物的形成与预防研究奠定基础。气井井口压力或压力分布可分为 2 种情况:一是单相气井或产水量很小的气井;二是产水量较大的气水同产井。

(1) 单相气井压力分布的计算。

根据杨继盛《采气工艺基础》、李士伦《天然气工程》等,在气田开采过程中,由于压力、温度的变化,凝析气、湿气中的重烃和水汽往往会部分冷凝成液而在油管内形成液相,其流动将变为气液两相流。

但对于气液比大于 2 000 m^3/m^3 的井,流态往往呈雾流,即气相是连续相,液相是分散相,计算时可简化为均匀的单相流或拟单相流。实际计算中,当气液比大于 2 000 m^3/m^3(亦有大于 1 780 m³/m³ 的说法)时,井筒压力分布计算方法主要有"平均温度和平均偏差因子法""Cullender 和 Smith 法"等,其计算结果基本一致。

根据能量守恒,可得到:

$$\frac{\mathrm{d}p}{\rho} + g\sin\theta\mathrm{d}L + \frac{fu^2\sin\theta\mathrm{d}L}{2d} = 0 \tag{5-24}$$

式中 ρ——流动状态下天然气的密度,kg/m³;

f——摩阻系数;

p——压力,Pa;

g——重力加速度,m/s²;

u——流动状态下气流的速度,m/s;

d——油管内径,m;

L——油管长度,m;

θ——油管与水平方向的夹角。

在 (p,T) 下天然气的密度为:

$$\rho = \frac{pM_g}{ZRT} = \frac{28.97\gamma_g p}{0.008\ 314\ ZT} \tag{5-25}$$

已知产量下的气流速度可表示为:

$$u = B_g u_{sc} = \frac{q_{sc}}{86\ 400} \frac{T}{293} \frac{0.101\ 325}{p} \frac{Z}{1} \frac{4}{\pi} \frac{1}{d^2} \tag{5-26}$$

将式(5-25)、(5-26)带入式(5-24),利用分离变量法,可得到:

$$\int_{p_{tf}}^{p_{wf}} \frac{\dfrac{p}{TZ}}{\left(\dfrac{p}{TZ}\right)^2 \sin\theta + \dfrac{1.324 \times 10^{-18} fq_{sc}^2}{d^5}} \mathrm{d}p = \int_0^L 0.034\ 15\gamma_g \sin\theta\mathrm{d}L \tag{5-27}$$

令 $S = \dfrac{0.034\ 15\gamma_g \sin\theta\Delta H}{\overline{T}\overline{Z}}$,则式(5-27)可简化为:

$$p_{wf} = \left[p_{tf}^2 e^{2S} + \frac{1.324 \times 10^{-18} f(q_{sc}\overline{T}\overline{Z})^2(e^{2S}-1)}{d^5} \right]^{1/2} \tag{5-28}$$

其中

$$\frac{1}{\sqrt{f}} = 1.14 - 2\lg\left(\frac{e}{d} + \frac{21.25}{Re^{0.9}}\right)$$

$$Re = 1.776 \times 10^{-2} \frac{q_{sc}\gamma_g}{d\mu_g}$$

式中 p_{tf}, p_{wf}——井口压力和井底流压,MPa;

p——井筒中某点处压力,MPa;

T——井筒中某点处温度,K;

Z——天然气在 (p,T) 下的压缩系数;

q_{sc}——产气量,m³/d;

γ_g——天然气的相对密度。

在已知井底流压 p_{wf}、气井斜深 L 和井身结构参数后,即可由式(5-27)计算得到天然气井口压力以及压力沿井筒的分布。其中,天然气压缩因子 Z、天然气黏度 μ_g、摩阻系数 f 等按相关经验公式进行计算,并根据天然气组分进行必要修正。

（2）气液两相流压力分布的计算。

对于部分产液（水）量较高，在井筒条件下气液比小于 2 000 m³/m³ 的井，地层流体在油管柱中将呈气液两相流动状态，采用单相流计算方法必将产生较大误差，其井口流压及压力分布的计算只能按气液两相管流理论进行计算，计算过程较单相流复杂得多。

描述井筒气液两相管流的模型较多，用于垂直井的主要有 Duns-Ros 模型（1963 年）、Hagedorn-Brown 模型（1965 年）、Orkiszewski 模型（1967 年）、Hasan&Kabir 模型（1988 年）、Ansari 方法等；用于倾斜气液（水）管流的压降模型主要有 Beggs-Brill 方法（1973）、Mukherjee-Brill 方法（1985）。其中，根据川渝气田的生产经验，Hagedorn-Brown 模型在产水气井中应用较广。

Hagedom-Brown 模型于 1965 年由 Hagedom 和 Brown 提出。此模型是基于现场的大量试验数据，反算出了持液率。Hagedom-Brown 模型无须判别流型，而且对产水气井流动条件比较适宜。

对于多相流，假定为一维定常均匀平衡流动，根据能量守恒定律可以推导出：

$$10^6 \frac{\Delta p}{\Delta H} = \rho_m g + \frac{f_m M_t^2}{9.21 \times 10^9 \rho_m d^5} + \frac{\rho_m v_m^2}{2\Delta H} \tag{5-29}$$

其中

$$\rho_m = \rho_l H_l + \rho_g (1 - H_l)$$

$$M_t = \rho_g q_g + \rho_l q_l$$

$$v_m = v_{sg} + v_{sl}$$

式中　Δp——压力变化量，MPa；

　　　ΔH——深度增量，m；

　　　ρ_m——两相混合物的密度，kg/m³；

　　　f_m——两相摩阻系数；

　　　H_l——持液率。

　　　M_t——气液混合物的质量流量，kg/s；

　　　v_m——两相混合物的速度，m/s；

　　　v_{sg}, v_{sl}——气、液相表观速度，$v_{sg} = \frac{q_g}{A}, v_{sl} = \frac{q_l}{A}$，m/s；

　　　g——重力加速度，m/s²；

　　　d——管子内径，m；

　　　A——管子截面积，$A = \frac{\pi d^2}{4}$，m²。

利用式（5-29）求解压力最主要的在于准确计算气液两相混合流体的密度 ρ_m 和摩阻系数 f_m，计算 ρ_m 的关键在于计算持液率 H_l，Hagedom-Brown 方法在计算持液率 H_l 和摩阻系数 f_m 时不需要判别流型。

5.2.2.3　井筒温度、压力耦合计算

从前面的推导过程可以看出压力梯度和温度梯度计算之间并非是相互独立的，而是有着非常密切的联系。在预测温度时，需已知压力梯度和定压比热容、焦-汤系数和总传热系数等物性参数，而这些参数均是压力、温度的函数；在预测压力时，也遇到类似的情况，需要知道温度和压缩因子、摩阻系数等物性参数，这些参数亦是压力和温度的函数，而此时的压力、

温度是未知的。由此可见,压力和温度之间相互耦合,不能单独计算,需采用迭代法同时求解。

井筒压力、温度耦合计算流程如图 5-18 所示。

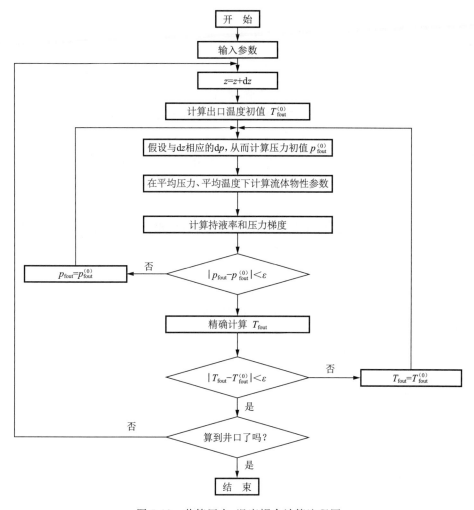

图 5-18　井筒压力、温度耦合计算流程图

（1）以井底流动压力（或井口压力）为起点,按深度差分段,用压差进行迭代。在开始计算之前,必须知道以下参数:产气量、产水量、气相所占比例、液相所占比例、井深、油管直径、井底温度（或井口温度）、井底压力、地温梯度等。

（2）将整个油管分段,每一段的长度为 ΔH,其大小取决于精度要求。

（3）根据温度初值公式计算每一段出口温度。

（4）假设与 ΔH 相应的压降并计算该段内的平均压力 p 和平均温度 T_f。

（5）在平均压力 p 和平均温度 T_f 下计算气水的物性参数,主要包括:气体的视临界压力和视临界温度、气体压缩因子、气体黏度、气相体积系数、气相密度、气相折算速度、液相黏度、液相密度、液相折算速度、气液混合物的流速、气液表面张力。

（6）根据 Hagedorn-Brown 方法计算持液率、压降等。

（7）判断出口压力是否达到精度要求,如未达到精度要求,则返回（5）,否则进行下一步。

（8）用式（5-11）计算出口温度。

（9）判断出口温度是否达到精度要求，如未达到精度要求，则返回（5），否则进行下一步。

（10）对下一段进行计算直至井口（井底）。

5.2.3 测试管柱变形计算基本模型

高温高压测试管柱的受力与变形主要受到温度、管柱内外流体压力、重力以及测试施工工艺等因素的影响，由于这些因素的共同作用，测试管柱的受力变形分析变得异常烦琐。测试管柱作业过程的主要影响因素包括温度效应、膨胀效应、屈曲效应、重力效应、活塞效应等，此外离心力、流体流动黏滞力、管柱与井壁的接触力也会对管柱的变形产生一定影响。

5.2.3.1 温度效应

因管柱温度变化引起管柱长度发生变化的现象称为温度效应。地层温度随着井深逐渐升高且井内流体不断流动，这使得测试管柱不同位置处的温度有很大差异，导致测试管柱温度效应非常明显。

随着井深的增加，油井内温度也逐渐增加。管柱下入井中后，其温度逐渐趋近流体温度，直到两者相同。选择常温下测试管串的管柱温度作为初始条件，计算之后各操作引起温度变化进而导致管柱的轴向热膨胀效应。设某一井深处管柱发生的温度变化为 ΔT，则其引起轴向应变为：

$$\varepsilon_T = \alpha \Delta T \tag{5-30}$$

式中 ε_T——温度效应产生的轴向变形量，m；

α——管柱的热膨胀系数，$℃^{-1}$；

ΔT——温度变化量，℃。

以泥面为坐标原点，z 轴沿着井眼中心线向下延伸，则对整个测试管柱进行积分可得测试管柱温度效应变形为：

$$\Delta L_2 = \int_0^L \alpha \Delta T(z) \mathrm{d}z \tag{5-31}$$

式中 ΔL_2——测试管柱温度效应变形量，m；

L——测试管柱长度，m；

$\Delta T(z)$——测试管柱 z 处的温度变化，℃。

根据胡克定律，温度效应所引起的管柱受力为：

$$F = \frac{\Delta L_2}{L} EA \tag{5-32}$$

式中 A——测试管柱横截面积，m^2。

5.2.3.2 膨胀效应

管柱的直径由于受内外压差的作用而增大或缩小进而使得管柱长度变化的效应称为压力效应。由于内压大于外压而导致管柱直径增大、长度缩短的叫作外膨胀效应；由于外压大于内压而导致管柱直径减小、长度增加的叫作内膨胀效应。

在测试过程的不同操作阶段,测试管柱内外流体压力不断地发生变化,管柱在径向不断发生不同的膨胀,由此引起的轴向应变为:

$$\varepsilon_p = \frac{2\nu}{E}\frac{p_o D^2 - p_i d^2}{D^2 - d^2} \tag{5-33}$$

式中　ν——泊松比;

　　　E——弹性模量,MPa;

　　　p_i——油管内液体压力,MPa;

　　　p_o——油管外液体压力,MPa;

　　　D——油管外径,m;

　　　d——油管内径,m。

考虑测试管柱相对于初始状态的内外流体压力变化引起的膨胀效应轴向伸长,对整个测试管柱沿长度方向进行积分可得:

$$\Delta L_3 = \int_0^L 2\nu \frac{D^2 \Delta p_o(z) - d^2 \Delta p_i(z)}{E(D^2 - d^2)} \tag{5-34}$$

式中　ΔL_3——测试管柱膨胀效应变形量,m;

　　　$\Delta p_o(z)$——测试管柱 z 处外部流体压力变化,Pa;

　　　$\Delta p_i(z)$——测试管柱 z 处内部流体压力变化,Pa。

5.2.3.3　管柱轴向力引起的伸缩

在地面上,测试管柱一般是一根一根平放,轴向不受力。连接起来入井后,管柱悬挂在井中,因此轴向发生伸缩变形,一般情况是上部受拉力,局部发生拉伸变形,下部有可能受压力,发生压缩变形。设管柱任一横截面上的轴向力为 F,则其引起的轴向应变计算式为:

$$\varepsilon_F = \frac{F}{EA_c} \tag{5-35}$$

式中　E——钢的弹性模量,N/m²;

　　　A_c——管柱钢材截面积 $A_c = A_o - A_i$,m²;

　　　A_i——管柱内圆截面积,m²;

　　　A_o——管柱外圆截面积,m²。

以泥面为坐标原点,z 轴沿着井眼中心线向下延伸,则对整个测试管柱进行积分可得测试管柱重力效应变形为:

$$\Delta L_1 = \int_0^L \frac{F(z)}{EA_c(z)} dz \tag{5-36}$$

5.2.3.4　活塞效应

在管柱端部由于油管内外流体的压力作用而引起管柱长度的变化称为活塞效应。由于测试管柱端部内外截面积变化,以及管柱内外流体压力的作用,管柱受到向上的轴向力,引起轴向缩短。测试管柱活塞效应如图 5-19 所示。

管柱由下向上作用的力为:

$$F_a' = (A_{so} - A_i) p_i \tag{5-37}$$

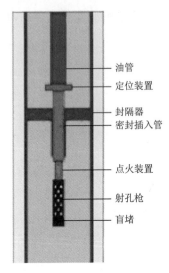
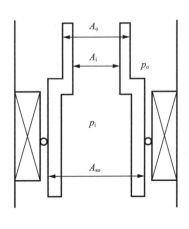

油管
定位装置
封隔器
密封插入管
点火装置
射孔枪
盲堵

图 5-19　活塞效应示意图

式中　F_a'—— 由下向上的作用力，N；

　　　A_{so}——测试管柱插入密封段外圆截面积，m^2；

　　　A_i——测试管柱油管内圆截面积，m^2；

　　　p_i——测试管柱腔内流体压力，Pa。

由上向下的作用力为：

$$F_a'' = (A_{so} - A_o)p_o \tag{5-38}$$

式中　F_a''——由上向下的作用力，N；

　　　A_o——测试管柱油管外圆截面积，m^2；

　　　p_o——测试管柱外环空流体压力，Pa。

活塞效应引起合力为：

$$F_a = (A_{so} - A_i)p_i - (A_{so} - A_o)p_o \tag{5-39}$$

式中　F_a——活塞效应引起的合力，N。

另外，在测试管柱关井作业中，采用井下关井方式，即关闭管柱上测试阀。为防止水合物生成，需要放空测试阀以上气体，此时测试管柱内测试阀上部压力很小，可忽略，下部为地层压力，由于上下受力不平衡，测试管柱受到向上的气顶力。测试阀引起的活塞效应如图 5-20 所示。

管柱底端由下向上作用的力为：

$$F_b = A_i p_e \tag{5-40}$$

式中　F_b——由下向上的作用力，N；

　　　A_i——测试管柱内截面积，m^2；

　　　p_e——地层压力，Pa。

综上，管柱以及测试阀活塞效应作用的合力为：

$$F = F_a + F_b \tag{5-41}$$

测试管柱活塞效应引起的变形为：

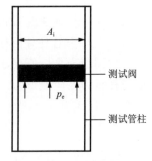

A_i
测试阀
p_e
测试管柱

图 5-20　测试阀引起的
活塞效应示意图

$$\Delta L_4 = -\frac{L}{EA}\left[(A_{so}-A_i)p_i-(A_{so}-A_o)p_o+A_ip_e\right] \tag{5-42}$$

式中　ΔL_4——测试管柱活塞效应变形量，m；

　　　E——油管材料的弹性模量，N/m^2；

　　　A——测试管柱的等效截面积，m^2；

　　　L——测试管柱长度，m。

5.2.3.5　屈曲效应

(1) 真实轴向力与虚轴向力的关系。

设封隔器处为坐标原点，向上为正，轴向力以压力为正。

设任一井深油管横截面真实轴向力为 F_a，则虚轴向力为：

$$F_f(x)=F_a(x)+p_i(x)A_i-p_o(x)A_o \tag{5-43}$$

(2) 管柱螺旋屈曲判别式。

考虑油管内外流体压力后，油管螺旋屈曲判别式可选用：

$$F_f=5.55(EIw^2)^{1/3} \tag{5-44}$$

式中　EI——管柱抗弯刚度，$kN\cdot m^2$；

　　　w——单位长度油管的浮重，kN/m。

(3) 管柱屈曲引起的轴向变形。

螺旋屈曲使管柱轴向缩短。

$$\mathrm{d}(\Delta x)_b=\frac{F_fr^2}{4EI}\Delta x \tag{5-45}$$

式中　r——环隙，m；

　　　Δx——油管微段长度，m。

5.2.4　测试管柱强度校核

管柱上任一点处的应力状态主要包括以下几种应力：内、外压作用所产生的径向应力 $\sigma_r(r,s)$ 和环向应力 $\sigma_\theta(r,s)$；轴力所产生的轴向拉、压应力 $\sigma_F(s)$；井眼弯曲或正弦弯曲、螺旋弯曲所产生的轴向附加弯曲应力 $\sigma_M(r,s)$。由此可见，一般情况下管柱上任一点的应力状态都是复杂的三轴应力状态。因此，在进行强度校核时不能只进行单轴应力校核（如单向抗拉、抗内压、抗外压等），而必须按照第四强度理论进行三轴应力校核。

(1) 内、外压作用下管柱的应力分析。

根据弹性力学的厚壁圆筒理论可知，在内压 p_i 及外压 p_o 作用下管柱上任一点 (r,s) 处，环向应力 $\sigma_\theta(r,s)$ 和径向应力 $\sigma_r(r,s)$ 分别分：

$$\sigma_\theta(r,s)=\frac{p_ir_i^2-p_or_o^2}{r_o^2-r_i^2}+\frac{r_o^2r_i^2}{r_o^2-r_i^2}(p_i-p_o)\frac{1}{r^2} \tag{5-46}$$

$$\sigma_r(r,s)=\frac{p_ir_i^2-p_or_o^2}{r_o^2-r_i^2}-\frac{r_o^2r_i^2}{r_o^2-r_i^2}(p_i-p_o)\frac{1}{r^2} \tag{5-47}$$

式中　r_o,r_i——管柱的内半径、外半径，m；

　　　p_i,p_o——管内、外的压力，Pa。

(2) 轴力所产生的轴向拉、压应力计算。

管柱所受轴向应力 $\sigma_F(s)$ 为：

$$\sigma_F(s) = \frac{F_a}{A_S} \quad\quad (5-48)$$

式中　F_a——轴向应力,N;

　　　A_S——油管截面积,m²。

（3）弯曲应力计算。

根据前面的分析,当求得管柱上任一点处的弯矩 $M(s)$ 时,则在弯矩 $M(s)$ 所作用的平面内距管柱轴心为 r 的轴向弯曲应力 $\sigma_M(r,s)$ 为:

$$\sigma_M(r,s) = \pm\frac{4M(s)r}{\pi(r_o^4 - r_i^4)} \quad\quad (5-49)$$

式中　$M(s)$——任意截面的弯矩,N·m。

因此,根据第四强度理论,完井管柱上任意点处的相当应力为:

$$\sigma_{ed}(r,s) = \frac{1}{\sqrt{2}}\left[(\sigma_F+\sigma_M-\sigma_r)^2 + (\sigma_F+\sigma_M-\sigma_\theta)^2 + (\sigma_r-\sigma_\theta)^2\right]^{\frac{1}{2}} \quad\quad (5-50)$$

取 $\sigma_{max} = \max[\sigma_{ed}(r,s)]$,则相应的安全系数为:

$$K_{ed} = \frac{\sigma_s}{\sigma_{max}}$$

式中　σ_s——材料的屈服极限,Pa;

　　　K_{ed}——安全系数。

5.3　应用案例

下面以 EG2-1-11 井测试管柱安全性设计为例,说明应用情况。

5.3.1　基本数据

EG2-1-11 井井深 3 222 m,水深 80 m,井底压力系数 2.24,温度 161 ℃,采用半潜式平台进行测试,具体井身结构参数见表5-15。

表 5-15　EG2-1-11 井身结构参数

套管尺寸/mm	下入深度/m	线密度/(kg·m⁻¹)	钢　级	扣　型
762.00	144.69	461.3	B	SR30
508.00	602.28	158.47	K55	GF-SMEF
339.73	2 259.70	101.18	L80	BTC
244.48	2 707.03	69.94	P110	BTC
177.80	3 222.0	47.62	NK-HC110	3SB

该井使用 2 种尺寸的测试油管,即泥线以上的 114.3 mm 油管和泥线以下的 88.9 mm 油管,具体测试油管性能见表5-16。采用 2 趟测试管柱,首先钻杆单独下入一趟永久式封隔器,之后再下入带插入密封的测试管柱,插入封隔器,测试管柱如图 5-21 所示。

悬挂器到井底距离为 3 142.23 m,到封隔器的距离为 2 753.84 m。

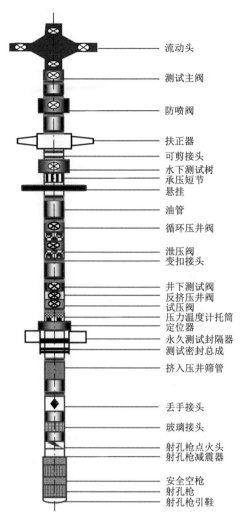

图 5-21　EG2-1-11 井测试管柱结构示意图

表 5-16　EG2-1-11 井测试管柱性能

工具名称	线密度 /(kg·m⁻¹)	抗外挤 /MPa	抗内压 /MPa	工作环境	内径/mm	扣　型	抗拉强度 /kN
114.3 mm 油管 (ko-95S FOX)	32.14	129.32	127.39	H_2S,CO_2	88.9	FOX	1 846
88.9 mm 油管 (ko-95S FOX)	18.90	122.78	125.33	H_2S,CO_2	69.85	FOX	1 557

5.3.2　管柱强度校核

5.3.2.1　泥线以上测试油管(114.3 mm)安全性分析

根据 114.3 mm 油管测试数据,取可能发生的最危险工况进行计算,结果见表 5-17。

表 5-17　EG2-1-11 井 114.3 mm 油管安全系数

工况取值	井口油管内控制压力/MPa	68.9	68.9	68.9	68.9
	环空控制压力/MPa	0	0	0	0
	油管内流体密度/(g·cm⁻³)	0	1.0	0	1.0
	环空流体密度/(g·cm⁻³)	2.2	2.2	1.03	1.03
安全系数	油管顶部强度安全系数	1.51	1.51	1.51	1.51
	油管底部强度安全系数	1.6	1.6	1.6	1.6
	抗拉安全系数	1.61	1.59	1.58	1.56

根据以上分析结果,油管的强度满足安全性要求。泥线以上油管被围在隔水管内部,因此其所处环境比隔水管好,主要表现在:

(1) 油管不受海水冲击。

(2) 油管直径比隔水管小很多。

(3) 油管强度极限比隔水管高。

(4) 油管横向变形主要靠隔水管带动。

这些优势使油管处于绝对安全的工作环境,因此油管的安全性取决于开井流动时的受力。

5.3.2.2　泥线以下测试管柱(88.9 mm)安全性分析

根据以上基本数据,取可能发生的最危险工况进行计算,结果见表 5-18。

表 5-18　EG2-1-11 井 88.9 mm 油管安全系数

工况取值	井口油管内控制压力/MPa	0	60	68.9	68.9
	环空控制压力/MPa	0	0	0	20
	油管内流体密度/(t·m⁻³)	0	1.0	1.0	1.0
	环空流体密度/(t·m⁻³)	2.2	1.03	1.03	1.03
安全系数	油管顶部强度安全系数	1.64	1.46	1.36	1.51
	油管底部强度安全系数	1.71	1.62	1.42	2.03
	抗拉安全系数	1.38	1.38	1.38	1.38

5.3.3　测试管柱变形量分析

测试管串仅由 88.9 mm 油管带井下工具,上端挂在悬挂器上,不能再对其长度和悬重进行调整,因此必须计算准确。

以下计算假设液垫高度为 2 750 m,油管与套管间接触摩擦系数为 0.13,假设封隔器对插入密封的阻力为零。插入密封下端到悬挂器的管串接起来总长度为 2 756 m,这是水平放置的长度。管串下井后总长度变化,与封隔器深度的匹配由改变 88.9 mm 油管长度来调整。

以下每步计算有 3 组数据,分别对应:

① 测试液密度 1.03 g/cm³,液垫密度 1.03 g/cm³;
② 测试液密度 1.50 g/cm³,液垫密度 1.50 g/cm³;
③ 测试液密度 2.20 g/cm³,液垫密度 1.50 g/cm³。

管柱基本预测数据见表 5-19。

表 5-19　管柱基本预测数据

项　目	①	②	③
油管轴向压力极限/kN	260.93	251.71	214.84
插管开始接触封隔器时管串长度/m	2 750.54	2 750.67	2 750.75
插管全部插入封隔器后管串长度/m	2 759.68	2 759.81	2 759.89

5.3.3.1　管柱下入

管串下入井中后,假设温度传递较快,管串在井中停留时间足够长,使油管温度达到其所在位置的井温,计算结果见表 5-20。

表 5-20　管串下入后的力与变形

项　目	①	②	③
管串下入总长度/m	2 756	2 756	2 756
温度效应/m	2.13	2.13	2.13
重力与浮力效应/m	1.06	0.89	0.63
屈曲效应/m	0	0	0
膨胀效应/m	0.11	0.16	0.33
管串总计伸长/m	3.3	3.17	3.09
密封长度/m	5.46	5.33	5.25
管串顶部轴向力/kN	473.2	441	391.5
管串底部轴向力/kN	−72.2	−97.1	−154

5.3.3.2　油管内加压引爆射孔枪

加压时管串的变形计算结果见表 5-21～5-23。

表 5-21　管柱变形(①)

管内加压/MPa	20	40	60	80
环空压力/MPa	0	0	0	0
膨胀效应/m	−0.217	−0.434	−0.652	−0.869
活塞效应/m	0.269	0.537	0.806	1.075
插管上移/m	−0.051	−0.103	−0.154	−0.206
密封长度/m	5.51	5.562	5.613	5.665

表 5-22　管柱变形(②)

管内加压/MPa	20	40	60	80
环空压力/MPa	0	0	0	0
膨胀效应/m	−0.217	−0.434	−0.652	−0.869
活塞效应/m	0.269	0.537	0.806	1.075
插管上移/m	−0.051	−0.103	−0.154	−0.206
密封长度/m	5.385	5.437	5.488	5.54

表 5-23　管柱变形(③)

管内加压/MPa	20	40	60	80
环空压力/MPa	0	0	0	0
膨胀效应/m	−0.217	−0.434	−0.652	−0.869
活塞效应/m	0.269	0.537	0.806	1.075
插管上移/m	−0.052	−0.103	−0.154	−0.206
密封长度/m	5.304	5.358	5.394	5.456

5.3.3.3　开井流动

取引爆压力为 20 MPa 时的变形为基础;取环空控制压力为 0,井底流温 159 ℃,井底流压 68.9 MPa;取流体密度为 0.9 kg/m³。

管串的变形计算结果见表 5-24~5-26。

表 5-24　管柱变形(①)

井口压力/MPa	10	30	50	70
温度效应/m	0.826	0.826	0.826	0.826
膨胀效应/m	−0.06	−0.434	−0.652	−0.869
活塞效应/m	−0.44	−0.44	−0.44	−0.44
流动效应/m	−0.571	−0.377	−0.183	0.011
插管上移/m	0.245	0.16	0.07	−0.02
密封长度/m	5.27	5.35	5.44	5.53

表 5-25　管柱变形(②)

井口压力/MPa	10	30	50	70
温度效应/m	0.826	0.826	0.826	0.826
膨胀效应/m	0.01	−0.1	−0.2	−0.31
活塞效应/m	−0.16	−0.16	−0.16	−0.16
流动效应/m	−0.571	−0.377	−0.183	0.011
插管上移/m	−0.105	−0.195	−0.203	−0.212
密封长度/m	5.49	5.58	5.66	5.75

表 5-26　管柱变形(③)

井口压力/MPa	10	30	50	70
温度效应/m	0.826	0.826	0.826	0.826
膨胀效应/m	0.01	−0.1	−0.2	−0.31
活塞效应/m	−0.16	−0.16	−0.16	−0.16
流动效应/m	−0.571	−0.377	−0.183	0.011
插管上移/m	−0.106	−0.2	−0.254	−0.366
密封长度/m	5.41	5.5	5.58	5.67

5.3.3.4　关井

取流动压力为 10 MPa 时的变形为基础,环空控制压力为 0,井底压力 68.9 MPa。管串的变形计算结果见表 5-27～5-29。

表 5-27　管柱变形(①)

项　目	井口关井	井底关井
井口压力/MPa	68.9	0
温度效应/m	0	0
膨胀效应/m	−0.32	0.43
活塞效应/m	0	−1.34
流动效应/m	0.571	0.571
插管上移/m	−0.245	0.34
密封长度/m	5.27	4.93

表 5-28　管柱变形(②)

项　目	井口关井	井底关井
井口压力/MPa	68.9	0
温度效应/m	0	0
膨胀效应/m	−0.32	0.43
活塞效应/m	0	−1.34
流动效应/m	0.571	0.571
插管上移/m	−0.25	0.34
密封长度/m	5.74	5.15

表 5-29　管柱变形（③）

项　目	井口关井	井底关井
井口压力/MPa	68.9	0
温度效应/m	0	0
膨胀效应/m	−0.32	0.43
活塞效应/m	0	−1.34
流动效应/m	0.571	0.571
插管上移/m	−0.25	0.34
密封长度/m	5.66	5.07

　　井下关井或砂堵时，底部压力每增加 10 MPa，管串缩短约 0.4 m。以上井下关井计算数据已经考虑了上顶力，因此不会有继续上顶现象发生。

第6章 高温高压测试期间
水合物预测及预防措施

天然气水合物是由天然气和水在低温高压条件下形成的一种笼形化合物。海上气井测试过程中,在泥线附近,由于环境温度低,气井测试作业时管柱内井筒压力高,受温度影响,极易形成水合物。另外,天然气通过油嘴或针形阀时,压力急剧下降、体积急剧膨胀、温度骤然降低,也是井口及地面管线最容易产生水合物的地方。测试管柱或地面流程管线内一旦形成水合物,测试作业将面临失败或有极大的安全风险。

6.1 天然气水合物概况

天然气水合物又称为笼形化合物,俗称"可燃冰",是石油天然气中小分子气体(如甲烷、乙烷等)在较低的温度(0~10 ℃)和较高的压力(10 MPa 以上)条件下与水作用生成的笼形结构的冰状晶体,密度为 0.905~0.91 g/cm³。水合物为非化学计量型固态化合物,其分子式可表示为 M·nH_2O(其中 M 是以甲烷气体为主的气体分子,n 为水分子数)。其中水分子(主体分子)以氢键相互连接和作用,从而形成较为规则的晶穴结构并以此延伸成大的水合物晶体。烃类或非烃类客体分子被包络在这些晶穴之中,这样两者之间依靠范德华力形成了稳定性不同的水合物。

到目前为止,已经发现的气体水合物结构有 4 种:Ⅰ型、Ⅱ型、H 型和一种新型的水合物(由生物分子和水分子生成)。Ⅰ型结构的天然气水合物,其笼形构架中只能容纳一些相对分子质量较小的碳氢化合物(如甲烷、乙烷)以及一些非烃气体(如 N_2,CO_2,H_2S 气体等)。Ⅱ型结构的天然气水合物的笼形构架较大,不但可以容纳甲烷与乙烷,而且可以容纳较大的丙烷和异丁烷分子。H 型结构的天然气水合物中具有最大的笼形构架,可以容纳分子直径大于异丁烷的有机分子。其中以Ⅱ型天然气水合物最为稳定,但Ⅰ型天然气水合物在自然界中最为普遍。

水合物结构如图 6-1 所示。

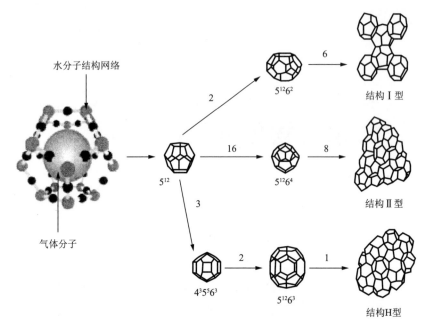

图 6-1　水合物结构示意图

6.2　水合物预测方法

天然气水合物形成的主要条件是：(1) 天然气和液体混合物中有液相水存在或含水处于饱和状态是产生水合物的必要条件；(2) 足够高的压力和足够低的温度，天然气中不同组分形成水合物的相态温度也是该组分水合物存在的最高温度；(3) 在具备上述条件时，水合物的形成还要求有一些辅助条件，如压力波动、流动或搅动以及晶种的存在等。

目前，天然气水合物生成条件的预测实际上就是在一定压力条件下对天然气水合物生成温度的预测。其预测方法可分为图解法、经验公式法、相平衡计算法和统计热力学法几大类，下面做简单介绍。

6.2.1　图解法

图解法主要是根据天然气不同密度所作的天然气水合物形成温度和压力的关系曲线（见图 6-2 所示），来预测气体水合物生成条件的方法。如果已知天然气的相对密度，则可从图 6-2 查出天然气在某一压力条件下形成水合物的温度压力条件，如果天然气的相对密度在 2 条曲线之间，则可以采用内插法近似计算。这种方法简单、方便，但不适合计算机计算，且精度较差，只能用来大致计算水合物的形成条件。

6.2.2　经验法

通过大量现场资料的统计分析，或者是实验室所得到的曲线分析，得到水合物温度与压力经验公式，依照这样的公式实现对水合物生成温度和压力的预测，比较常用的方法有波诺马列夫法。

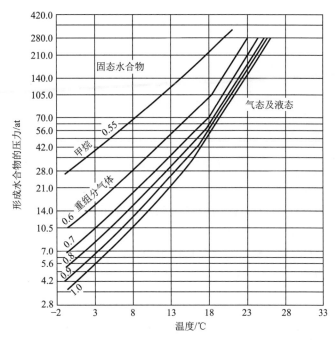

图 6-2 混合气体水合物的压力-温度平衡曲线

波诺马列夫对大量实验数据进行了回归整理,得出不同密度的天然气水合物形成条件方程。

当温度高于 273.15 K 时:

$$\lg p = -1.005\,5 + 0.054\,1(B + T - 273.15) \tag{6-1}$$

当温度低于 273.15 K 时:

$$\lg p = -1.005\,5 + 0.017\,1(B_1 + T - 273.15) \tag{6-2}$$

式中 p——压力,MPa;

T——水合物平衡温度,K;

B, B_1——与天然气密度有关的参数,见表 6-1。

表 6-1 系数 B 与 B_1

相对密度	B	B_1
0.56	24.25	77.4
0.60	17.67	64.2
0.64	15.47	48.6
0.66	14.76	46.9
0.68	14.34	45.6
0.70	14.00	44.4
0.75	13.32	42.0
0.80	12.74	39.9

续表 6-1

相对密度	B	B_1
0.85	12.18	37.9
0.90	11.66	36.2
0.95	11.17	34.5
1.0	10.77	33.1

6.2.3 平衡常数法

平衡常数法是由 Katz 等人提出的曾经得到广泛应用的一种计算方法。该方法把水合物看作是类似于气体溶于晶体状固体中的溶液,利用固体溶液和液体溶液之间的相似原理,用气-固平衡常数 K 来计算天然气水合物的生成条件。

平衡常数定义为:

$$k_i = y_i / x_i \tag{6-3}$$

式中　　y_i——气相中 i 组分的摩尔分数;

x_i——固体水合物中 i 组分的摩尔分数。

Katz,Carson,Robinson 及 Poettmann 等人研究提出了甲烷、乙烷、丙烷、异丁烷、正丁烷、二氧化碳、硫化氢的气-固平衡常数图。

计算时,已知天然气的组成,假设某一水合物的生成温度和压力,由气-固平衡常数图查得平衡常数。对于有 n 个组分组成的天然气,其水合物的生成条件可由如下平衡式确定:

$$\sum_{i=1}^{n} \frac{y_i}{k_i} = \sum_{i=1}^{n} x_i = 1 \tag{6-4}$$

若等式(6-4)不成立,则需要重新设定温度和压力,直到计算满足式(6-4)为止。

Katz 的平衡常数法比较简单,计算方便,但预测水合物生成的温度、压力时,仍有一定的误差,这种方法已逐渐被统计热力学方法所取代。但是直到目前为止,许多相平衡计算以及统计热力学有关参数的计算仍采用平衡常数的原理。

6.2.4 热力学模型法

热力学模型法是将宏观的相态平衡和微观的分子间相互作用相结合而提出的。1959年,van der Waals 和 Platteuw 首先提出了预测水合物生成条件的基本热力学模型。到目前为止,几乎所有的分子热力学模型都是在 van der Waals-Platteuw 模型的基础上发展起来的。

预测气体水合物的分子热力学模型是以相平衡理论为基础的。在天然气水合物体系中一般有三相共存,即水合物相、气相、富水相或冰相。根据相平衡准则,平衡时多组分体系中的每个组分在各相中的化学位相等。因此对水而言,其在富水相的化学位和其在水合物相的化学位成为约束相平衡的关键。对组分水,相平衡的约束条件为:

$$\mu_w^H = \mu_w^\alpha \tag{6-5}$$

式中　　μ_w^H——水在水合物相 H 中的化学位;

μ_w^α——水在平衡共存的水相或冰相 α 中的化学位。

若以水在完全空的水合物相 β（晶格空腔未被水分子占据的假定状态）中的化学位为基准态，则上式可以写成：

$$\mu_w^H - \mu_w^\beta = \mu_w^\alpha - \mu_w^\beta \tag{6-6}$$

由此可见，预测水合物形成条件的热力学模型是由描述固态水合物相的热力学模型和描述与其共存的富水相的热力学模型2部分组成的。

6.2.4.1　水合物相模型

van der Waals 和 Platteeuw 根据水合物晶体结构特点，首次提出水合物热力学模型，其初始模型基于以下假设：

（1）每个空穴最多只能容纳一个气体分子。

（2）空穴被认为是球形的，气体分子和晶格上水分子之间的相互作用可以用分子间势能函数来描述。

（3）气体分子在空穴内可以自由旋转。

（4）不同空穴的气体分子间没有相互作用，气体分子只能与最邻近的水分子之间存在相互作用。

（5）水分子对水合物自由能的贡献与其所包容的气体分子的大小及其种类无关（气体分子不能使水合物晶格变形）。

然后应用统计热力学方法，结合 Langmuir 气体等温吸附理论推导出计算空水合物晶格和填充晶格相态的化学位差的公式：

$$\Delta\mu_w^H = \mu_w^\beta - \mu_w^H = -RT\sum_{i=1}^{2}\gamma_i\ln\left(1-\sum_j\theta_{ij}\right) \tag{6-7}$$

$$\theta_{ij} = C_{ij}f_j\Big/\left(1+\sum_{j=1}^{NC}C_{ij}f_j\right) \tag{6-8}$$

式中　i——水合物晶格空穴的类型，$i=1,2$；

　　　j——客体分子的类型数目；

　　　γ_i——水合物晶格单元中 i 型空穴数与构成晶格单元的水分子数之比，是水合物结构的特性常数，对于 I 型结构水合物，$\gamma_1=\dfrac{1}{23}$，$\gamma_2=\dfrac{3}{23}$；对于 II 型结构水合物，$\gamma_1=\dfrac{2}{17}$，$\gamma_2=\dfrac{1}{17}$；

　　　θ_{ij}——i 型空穴被 j 类气体分子占据的概率；

　　　f_j——客体分子 j 在平衡各相中的逸度；

　　　C_{ij}——客体分子 j 在 i 型空穴中的 Langmuir 常数，它反映了水合物空穴中客体分子与水分子之间相互作用的大小；

　　　NC——气体混合物中可生成水合物的组分数目。

Langmuir 常数 C_{ij} 是影响水合物相热力学模型计算准确性的关键参数。因此，国内外许多学者在 Langmuir 常数 C_{ij} 的计算方法上做很多的研究工作，形成了多种计算模型，本书采用 Du-Guo(1990)提出的计算模型，相关计算参数见表6-2和表6-3。

$$C_{ij} = \frac{\alpha_{ij}}{T}\exp\left(\frac{b_{ij}}{T}+\frac{d_{ij}}{T^2}\right) \tag{6-9}$$

表 6-2　常数值(结构 I 型)

组　分	小孔穴			大孔穴		
	$a_{ij} \times 10^3$	$b_{ij} \times 10^{-3}$	$d_{ij} \times 10^{-6}$	$a_{ij} \times 10^3$	$b_{ij} \times 10^{-3}$	$d_{ij} \times 10^{-6}$
CH_4	0.048 67	2.495 27	0.044 35	0.174 46	2.495 68	0.032 98
C_2H_6	0.0	0.0	0.0	0.006 82	3.973 03	0.046 50
C_2H_4	0.001 13	2.852 71	0.052 03	0.016 08	3.691 74	0.042 36
C_3H_8	0.0	0.0	0.0	0.000 69	3.753 45	0.051 97
C_3H_6	0.0	0.0	0.0	0.001 35	4.382 01	0.050 98
$C\text{-}C_3H_6$	0.0	0.0	0.0	0.001 73	4.832 41	0.052 18
C_4H_{10}	0.0	0.0	0.0	0.0	0.0	0.0
O_2	0.031 49	2.183 72	0.041 77	0.131 77	2.110 79	0.029 54
N_2	0.063 79	2.239 17	0.037 49	0.219 76	2.019 08	0.026 48
CO_2	0.000 075 3	4.189 48	0.043 84	0.007 62	3.663 20	0.029 01
H_2S	0.001 89	4.159 50	0.461 3	0.286 12	3.871 12	0.034 08
Ar	0.089 87	2.189 41	0.036 95	0.285 46	1.995 66	0.027 13
Kr	0.042 90	2.633 83	0.044 58	0.158 60	2.680 98	0.334 156
Xe	0.025 47	3.143 96	0.048 29	0.104 63	3.449 77	0.038 59
$n\text{-}C_4H_{10}$	0.0	0.0	0.0	0.0	0.0	0.0

表 6-3　常数值(结构 II 型)

组　分	小孔穴			大孔穴		
	$a_{ij} \times 10^3$	$b_{ij} \times 10^{-3}$	$d_{ij} \times 10^{-6}$	$a_{ij} \times 10^3$	$b_{ij} \times 10^{-3}$	$d_{ij} \times 10^{-6}$
CH_4	0.047 85	2.473 85	0.044 14	0.904 59	2.223 12	0.015 60
C_2H_6	0.0	0.0	0.0	0.108 08	3.991 67	0.023 98
C_2H_4	0.009 6	2.850 1	0.043 63	0.230 02	3.358 52	0.018 94
C_3H_8	0.0	0.0	0.0	0.001 81	5.512 84	0.034 98
C_3H_6	0.0	0.0	0.0	0.004 79	5.013 24	0.029 82
$C\text{-}C_3H_6$	0.0	0.0	0.0	0.009 61	5.353 31	0.029 17
C_4H_{10}	0.0	0.0	0.0	0.000 005 1	7.196 94	0.049 56
O_2	0.030 08	2.174 34	0.041 03	0.966 79	1.846 49	0.014 34
N_2	0.063 3	2.219 13	0.038 79	1.200 93	1.743 63	0.012 59
CO_2	0.000 07	4.180 47	0.043 41	0.000 76	2.897 10	0.015 11
H_2S	0.001 82	4.136 00	0.045 94	0.273 72	3.207 24	0.015 70
Ar	0.088 65	2.171 07	0.037 93	1.219 62	1.737 85	0.013 83
Kr	0.041 92	2.602 72	0.045 11	0.859 62	2.403 48	0.016 47
Xe	0.024 53	3.102 55	0.047 86	0.673 77	3.139 84	0.017 56
$n\text{-}C_4H_{10}$	0.0	0.0	0.0	0.000 001 4	6.842 41	0.044 24

6.2.4.2　富水模型

对于纯水相(液态水或冰),Marshall 等人提出计算 $\Delta\mu_w^{\beta-\alpha}$ 的公式:

$$\frac{\Delta\mu_w^{\beta-\alpha}}{RT} = \frac{\Delta\mu_w^0}{RT} - \int_{T_0}^{T}\frac{\Delta h_w}{RT^2}\mathrm{d}T + \int_{T_0}^{T}\frac{\Delta V_w}{RT}\left(\frac{\mathrm{d}p}{\mathrm{d}T}\right)\mathrm{d}T \tag{6-10}$$

式中　Δh_w——水在完全空的水合物晶格与纯水相之间的摩尔比焓差;

　　　ΔV_w——水在完全空的水合物晶格与纯水相之间的摩尔体积差;

　　　$\Delta\mu_w^0$——在 273.15 K 和零压条件下,水在完全空的水合物晶格与冰之间的化学位差。

对于含烃类溶质的富水相,Holder 等假定 ΔV_w 与温度无关,在对式(6-10)简化后提出计算公式为:

$$\Delta\mu_w^{\beta-\alpha} = \frac{\Delta\mu_w^0}{RT_0} - \int_{T_0}^{T}\frac{\Delta h_w}{RT^2}\mathrm{d}T + \int_{0}^{p}\frac{\Delta V_w}{RT}\mathrm{d}p - \ln\alpha_w \tag{6-11}$$

$$\Delta h_w = \Delta h_w^0 + \int_{T_0}^{T}\Delta c_{pw}\mathrm{d}T \tag{6-12}$$

$$\Delta c_{pw} = \Delta c_{pw}^0 + b(T - T_0) \tag{6-13}$$

式中　Δh_w^0——T_0 为 273.15 K 时水在完全空的水合物晶格与纯水中之间的摩尔比焓值;

　　　Δc_{pw}^0——T_0 为 273.15 K 时水在完全空的水合物晶格与纯水中之间的比热容差;

　　　b——比热容的温度系数;

　　　α_w——富水相中水的活度。

水的活度 α_w 的计算式为:

$$\alpha_w = f_w^\alpha - f_w^0 = \gamma_w X_w \tag{6-14}$$

式中　f_w^α——富水相中水的逸度;

　　　f_w^0——相同条件下纯水的逸度;

　　　γ_w——富水相中水的活度系数;

　　　X_w——富水相中水的摩尔浓度。

6.2.4.3　平衡方程

将式(6-7)和式(6-11)代入式(6-6),得出水合物相平衡方程:

$$\frac{\Delta\mu_w^0}{RT_0} - \int_{T_0}^{T}\frac{\Delta h_w}{RT^2}\mathrm{d}T + \int_{0}^{p}\frac{\Delta V_w}{RT}\mathrm{d}p = \ln\alpha_w - RT\sum_{i=1}^{2}v_i\ln(1 - \sum_{i=1}^{NC}\theta_{ij}) \tag{6-15}$$

6.2.4.4　水合物生成计算步骤

根据上述热力学模型,利用计算机可以计算任意组成的天然气形成水合物的压力温度条件,并绘制压力与温度平衡曲线。计算步骤如下:

(1)输入温度 T_H 及气体组成(设定初始压力为 p_0),并选定某种水合物结构类型。

(2)在温度 T_H 下计算每个组分在各类型孔中的 Langmuir 常数 C_{ij} 值。

(3)利用 SRK 状态方程计算在温度 T_H 下每种组分的逸度 f_i。

(4)计算各类气体组分在各类孔穴中的填充率 θ_{ij}。

(5)确定 $\Delta\mu_w^0$,Δh_w^0,ΔV_w^0,Δc_{pw}^0 等物性常数;

（6）将以上计算数值代入方程(6-15)，对某一水合物结构如果等式成立，则得到给定压力 p 下水合物的形成温度 T_H；如果不成立，则更新 T_H 的值，返回(3)重新迭代，直至等式成立。

（7）改变水合物结构类型，返回(2)重新计算。

（8）如果计算出的结构Ⅰ型水合物的形成温度高于结构Ⅱ型水合物的形成温度，则水合物为Ⅰ型，反之为Ⅱ型。

6.3　高温高压测试期间水合物防治措施

根据天然气水合物的产生机理，要防止天然气水合物的产生，可通过改变水合物的生成条件来达到防治水合物的目的。鉴于海上安全需要，水合物防治方法主要包括：

（1）注入化学抑制剂。

（2）地面采用蒸汽炉进行加热。

（3）采取井筒保温措施。

（4）使用油基测试液。

6.3.1　添加化学抑制剂

该方法是通过向管线中注入一定量的化学添加剂，改变水合物形成的热力学条件、结晶速率或聚集形态，提高水合物生成压力或者降低生成温度，以此来抑制水合物的生成，达到保持流体流动的目的。实际生产中为达到有效的水合物抑制效果，目前广泛采用加入足量的热力学抑制剂、动力学抑制剂、防聚剂的方法。

6.3.1.1　热力学抑制剂

热力学抑制剂主要使水合物的平衡生成压力高于管线的操作压力或使水合物的平衡生成温度低于管线的操作温度，从而避免水合物的生成。常用的热力学抑制剂有甲醇、乙醇、乙二醇、三甘醇等。

但是热力学抑制剂的加入量一般较多，在水溶液中的质量分数一般需达到10%～60%，成本较高，相应的储存、运输、注入成本也较高；另外，抑制剂的损失也较大，并带来环境污染等问题。

6.3.1.2　动力学抑制剂

动力学抑制剂可以使水合物晶粒生长缓慢甚至停止，推迟水合物成核和生长，防止水合物晶粒长大。在水合物成核和生长的初期，动力学抑制剂吸附于水合物颗粒表面，活性剂的环状结构通过氢键与水合物晶体结合，从而防止和延缓水合物晶体的进一步生长。研究发现，少量动力学抑制剂的添加将改变结构Ⅱ型水合物的生长习性，在结构Ⅰ型中添加抑制剂则会引起晶体的迅速分枝。

从20世纪90年代开始研究动力学抑制剂，到目前为止，动力学抑制剂的研究经历了3个阶段：第一阶段(1991—1995年)，人们通过大量的评价实验，筛选出了一些对水合物生成速度有抑制效果的化学添加剂，其中以聚乙烯吡咯烷酮(PVP)最具代表性，被称为第一代动力学抑制剂；第二阶段(1995—1999年)，以PVP分子结构为基础，进行构效分析，对动态抑制剂分子结构特别是官能团进行设计改进，合成出一些具有较好的动力学抑制效果的化学添加剂，其中包括聚N-乙烯基己内酰胺(PVCap)、乙烯基己内酰胺、乙烯吡咯烷酮以及甲基丙烯酸二甲氨基乙酯三聚物(VC-713)、乙烯吡咯烷酮和乙烯基己内酰胺共聚物[poly(VP/VC)],被称为第二代动力学抑制剂,这些抑制剂受到广泛的评价并得到一定的实际应用;第三阶段(1999年至今),借助计算机分子模拟与分子设计技术,开发了一些具有更强抑制效果的动力学抑制剂,被称为第三代动力学抑制剂。

动力学抑制剂(KHI)现场试验的先驱者为Arco,Texaco和BP公司于1995年在北海南部气田测试了Gaffix-713的应用情况,试验表明添加0.5%的KHI可以处理过冷度为8~9 ℃时的情况。Texaco公司等在美国陆上油气田采用动力学抑制剂PVP进行了试验,试验表明PVP仅能在有限的过冷度下使用。BP公司于1995—1998年采用KHI混合剂(由TR Oil Services提供),在另一个北海南部气田(Ravensburn-Cleeton)进行了6次现场试验,这种KHI混合剂为基于TBAB和PVCap聚合物的混合物。TBAB除了作为配合剂外,还有增加PVCap聚合物雾点的额外效果。另外,TBAB的价格约为PVCap的一半,现场试验在过冷度最大为10 ℃下获得成功。现场试验的成功使BP公司于1996年在West Sole/Hyde,69 km的湿气管线中使用KHI代替乙二醇,该气田的最大过冷度为8 ℃,动态抑制剂完全满足要求。

20世纪90年代后期,BP公司在北海英国部分的Eastern Through Area Project(ETAP)进行了KHI应用。ETAP由几个油田和与之相连的中心处理单位组成,形成了第一个为KHI应用提供的海底纽带。ETAP计划始于20世纪90年代早期,1998年开始投产。2个油田中的流体在6~8 ℃下进入水合物形成区域。这2个油田均为KHI应用的理想场所,并已在北海南部气田做了现场试验,没有发生水合物堵塞问题。

6.3.1.3　防聚剂

防聚剂(AA)是一些聚合物和表面活性剂,在水和油相同时存在时才可使用。它的加入可使油水相乳化,将油相中的水分散成水滴。加入的防聚剂和油相混在一起,能吸附到水合物颗粒表面,使水合物晶粒悬浮在冷凝相中,形成油包水的乳状液,乳化液滴油水相间的界面膜充当了一个阻碍扩散的壁垒,即减少了扩散到水相的水合物形成。分子末端有吸引水合物和油的性质,使水合物以很小的颗粒分散在油相中,在水合物形成时可以防止乳化液滴的聚积,从而阻止了水合物结块,达到抑制水合物生成的作用。防聚剂的用量大大低于热力学抑制剂的用量,0.5%~2%即可有效,1%的防聚剂相当于25%的甲醇用量。然而,防聚剂起作用的最大水油比为40%。AA可以在比KHI更高的过冷度下使用。

相对于动力学抑制剂,防聚剂的应用较晚,起初并没有出现在公开文献中。AA的首次深海应用是在1999年,AA也可以用于陆上和浅海中,大多是应用在深海区域作为EUCHARIS工程的一部分,IFP在1998—1999年对AA进行了2次现场试验。地点在阿根廷南部,3 in,2.5 km的陆上管线,管线压力为40 bar,含水20%,盐度为10 g/L。第一次现场试验的过冷度最大为10~12 ℃。AA用泵脉冲式注入而不是连续注入。IFP认为第一次现场试验是成功的。

6.3.2　采用油基测试液

由于水合物的形成必须有水的参与,因此降低钻井液中水的含量可有效防止水合物的形成。因此,采用油基测试液能降低天然气水合物的形成概率。由于油基测试液成本很高,并且对海洋环境造成的影响大,回收处理工序复杂,因此其推广使用受到了限制。

6.3.3 采取升温措施

测试作业中,通常在隔水管周围附上一些漂浮材料,或者使用保温油管、保温测试液,用以加强保温效果,以达到防止水合物形成的目的。

6.4 应用案例

形成水合物的主要原因是流体在流动的过程中压力降低,导致温度降低,即所谓的节流效应。温度降低的程度和压力降低的程度关系密切,而压力降低的情况又与流速有关。因此,必须取得在不同流量下井口压力的分布情况,据此计算井内温度变化情况,确定室内实验温度、压力范围。要想得到目标油田精确数据,需要提供现场气体样品和地层水样品。

6.4.1 天然气水合物形成条件模拟实验

6.4.1.1 基础数据

目的储层的天然气及地层水组成见表 6-4。

表 6-4 实验用气(油)样摩尔组成

组分	SN22-014	SN22-017	2748A	SN11-030
C_6+	0.002 137	0.002 03	0.004 34	0.002 707
CO_2	0.079 846	0.082 173	0.083 693	0.078 812
C_3H_8	0.012 53	0.013 286	0.013 732	0.013 309
i-C_4H_{10}	0.002 116	0.002 145	0.002 341	0.002 232
n-C_4H_{10}	0.001 924	0.002 077	0.002 326	0.002 256
i-C_5H_{12}	0.000 765	0.000 864	0.000 955	0.000 817
n-C_5H_{12}	0.000 438	0.000 606	0.000 607	0.000 526
N_2	0.002 737	0.003 419	0.005 013	0.006 077
CH_4	0.871 108	0.866 866	0.859 671	0.866 336
C_2H_6	0.026 396	0.026 533	0.027 322	0.026 928

6.4.1.2 实验设备

实验装置主要由 JEFFRI 高压蓝宝石透明釜、恒温空气浴、温度压力测量仪表等组成,如图 6-3 所示。

(1)高压釜及管路系统。本实验装置的核心部件是安装在恒温空气浴中部的全透明高压蓝宝石釜(加拿大 DB ROBINSON 公司生产)。高压釜的最大工作体积为 78 cm^3(包括活塞和搅拌子),最高工作压力为 20 MPa,工作温度范围为 $-90 \sim 150$ ℃。高压釜外配有 LGY150A 型冷光源(北京福凯仪器有限公司生产)。釜内压力由 JP-3 手动泵(江苏海安石油仪器制造厂)调节,泵的最大工作压力为 50 MPa。釜中带有一个密封活塞,可将增压流体与实验体系隔开。在实验中,采用石油醚(沸点 60~90 ℃)作为增压流体。

(2)恒温空气浴。箱体采用 WGD4025A 型热平衡式高低温实验箱(上海实验仪器总厂生

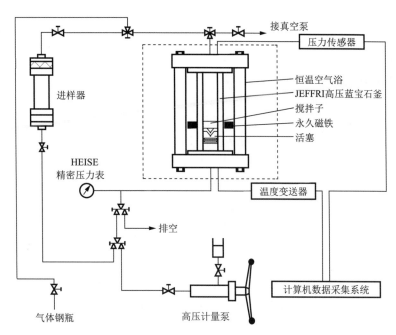

图 6-3　气体水合物实验装置示意图

产)。空气浴中的温度控制由 KP1250B010 智能型数字可编程温度控制器(日本 CHINO 公司生产)完成。采用高精度 Pt100 型铂电阻(精度为±0.1 K)作为温度感应元件,使用标准的二级铂电阻(精度±0.05 K)对恒温空气浴的控温情况进行了测定。结果表明,本实验测定所用的恒温空气浴在高压釜附近的温度均匀度为±0.3 K,72 h 内的控温精度为±0.1 K。

(3) 温度及压力测量仪表。高压釜内的温度由一个安装在高压釜底部端盖上的 Pt100 型精密铂电阻进行测量。釜中的压力由一个量程为 0.0~25.0 MPa 的 HEISE 精密压力表(精度为 0.1 级)和一个量程为 0.0~16.0 MPa 的精密压力表(精度为 0.25 级)同步测定。

(4) 搅拌系统。安装在恒温浴顶部的直流变速电机,通过一个凸轮传动装置拉动套在高压釜外的马蹄形永久磁铁上下往复运动,从而带动高压釜内的磁性搅拌子做相应的上下往复运动,达到对釜内体系进行搅拌的目的。搅拌速度可以根据实验要求进行调节。

实验前,采用标准的二级铂电阻(精度 0.05 ℃)及 HP34401A 型精密万用表(美国 HEWLETT-PACKARD 公司)对 2 个精密铂电阻(精度 0.1 ℃)和温度传感变送器的零点及线性漂移误差进行校正。结果表明,2 个精密铂电阻均达到了给定的温度测量精度,总体温度测量误差为±0.1 ℃。然后对 2 个精密压力表进行了校正。结果表明,二者均达到了制造精度。本实验装置压力测定的总体误差为±0.025 MPa。

6.4.1.3　水合物实验测定方法

该实验要求气油比为 532 m^3/m^3,即标准状态下进气体积和进油体积比为 532 m^3/m^3,而且反应釜的有效体积固定为 60 mL,经过计算得到进油体积为 2 mL 时,进气体积在 2 L 左右。这种条件下在较高温度生成水合物时,釜内压力不会超过反应釜的最大承受压力。所以取油样 2 mL,水样 10 mL(取各自对应的水样),则釜内剩余体积为 48 mL。油样取自铁桶内水样恒温 50 ℃ 油水分层后上层油样。用比重瓶测量出该油样的密度为 0.817 6 g/mL,则 2 mL 油样的质量为 1.635 2 g,用电子天平称量即可。

反应釜内除去液相的最大体积为固定的 48 mL,所以在实验的特定温度下,通过计算釜内压力来确定进气量,保证气油比。计算过程中用到 PR 方程编程求解。各气体组成由气相色谱仪测定。计算结果列于数据处理部分。

实验采用全透明蓝宝石釜,用"压力搜索法"测定水合物的平衡条件,其步骤如下:

(1)将高压釜用蒸馏水冲洗,然后用 2 次去离子水冲洗至无水珠悬挂于釜壁。然后以同样的步骤将活塞和磁性搅拌子冲洗干净备用。

(2)将 10 mL 水样和 2 mL 油样加入高压釜中;安装好高压釜后,用真空泵对整个高压管路系统抽真空。

(3)用气样冲洗高压釜及整个高压管路系统 2~3 次,以置换抽真空后在高压釜内及高压管路系统中可能残留的少量空气。

(4)启动恒温空气浴,将空气浴温度调节到预定的实验温度。

(5)将钢瓶中的气样注入高压釜中,当注入的压力与计算出来符合气油比的压力相同时,关闭高压釜进口阀。

(6)调节泵使釜内的压力超过水合物生成压力约 3 MPa,启动搅拌系统,在大量水合物晶体生成后,通过调节手动高压计量泵降低高压釜内的压力,使已生成的水合物全部分解。

(7)再次通过调节手动高压计量泵升高釜内的压力,使水合物生成,然后缓慢降低釜内压力,使水合物晶体逐渐分解;当体系中只有微量的水合物晶体存在时,保持体系压力不变,并使体系稳定 4~6 h;若稳定 4~6 h 后仍有微量水合物晶体悬浮于溶液中或黏附在高压釜内壁上,则此时体系的压力即为该体系在该温度下水合物的平衡生成压力。

(8)若稳定 4~6 h 后,釜内体系中的水合物晶体已经全部分解,则说明此时体系的压力低于水合物的生成压力,应将体系压力重新调整为一较高值,使水合物重新生成,然后调节压力使釜内仅剩下少量水合物晶体,并让体系稳定 4~6 h,如此反复进行,直至体系达到预期的平衡状态。

(9)换气样和水样重复以上步骤,以测得不同样品不同条件下的平衡条件。

在实验测定中,最小的压力调整间隔为 0.05 MPa。

6.4.1.4 实验结果

气体样品在纯水中生成水合物实验曲线如图 6-4 所示。

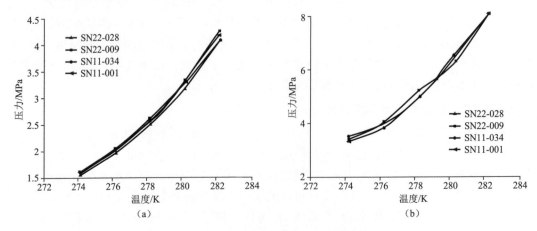

图 6-4 气体样品在纯水中生成水合物实验曲线

利用实验结果模拟,纯水中水合物生成条件应满足公式:

$$y = 3.9 \times 10^{18} e^{0.145\,8x}$$

预测地层水中水合物生成条件应满足公式:

$$y = 6.6 \times 10^{19} e^{0.153\,3x}$$

6.4.2 测试期间水合物防治措施

6.4.2.1 气油比对水合物生成的影响

在实验室利用天然气和凝析油配制 4 种油气样品,分别测定了它们在纯水、水+乙二醇中的水合物生成条件。完成了 3 组实验。

实验测定结果见表 6-5,水合物生成条件对比曲线如图 6-5 所示。

表 6-5 不同气油比下水合物生成条件实验测定结果

1号(纯气体)		2号(气油比 1 000 m³/m³)		3号(气油比 500 m³/m³)	
T/K	p/MPa	T/K	p/MPa	T/K	p/MPa
273.35	0.60	281.55	1.90	281.55	2.09
276.85	0.98	284.85	2.90	282.85	2.48
279.75	1.38	287.15	4.16	284.85	3.31
281.45	1.56	288.85	6.25	287.15	4.49
282.85	2.15	291.05	8.93	288.85	6.10
284.95	3.04	292.65	11.88	288.95	6.18
287.15	4.12	293.45	13.48	291.25	10.93
289.15	5.96	295.55	18.52	294.45	23.45
290.95	7.56	298.65	28.15		
293.75	10.83				
296.75	15.61				
299.85	21.88				
301.35	25.48				

实验的目的是为了考察气油比的影响。1号实验为纯天然气,2号、3号实验的气油比分别为 1 000 m³/m³ 和 500 m³/m³。

从图 6-5 可以看出,随着气油比的减小,相同温度下,水合物的生成压力逐渐升高。这是由于随着气油比的减小,油量相对增加,气相中的重组分更多地溶解于油相,从而使甲烷浓度增加(天然气中各组分生成水合物的难度顺序为 C1>C2>C3>C4),从而使水合物的生成压力升高。

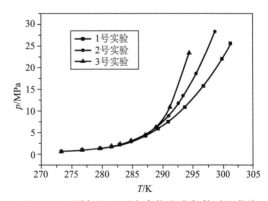

图 6-5 不同气油比下水合物生成条件对比曲线

6.4.2.2　抑制剂浓度对水合物生成的影响

为了考察抑制剂浓度对抑制效果的影响,本研究做了 2 组实验,考察不同浓度的乙二醇对水合物生成的抑制效果。

实验测定结果见表 6-6,水合物生成条件对比曲线如图 6-6 所示。

表 6-6　不同抑制剂加入浓度下水合物生成条件实验测定结果

4 号实验(纯水)		5 号实验(10％乙二醇)		6 号实验(30％乙二醇)	
T/K	p/MPa	T/K	p/MPa	T/K	p/MPa
281.45	1.93	285.35	3.71	277.55	3.78
282.65	2.14	286.25	4.11	278.55	4.28
284.35	2.60	287.15	4.98	279.55	5.12
285.15	3.04	288.25	6.15	280.45	6.40
286.45	3.62	290.35	9.32	281.45	8.51
287.45	4.29	292.15	13.00	282.45	11.59
289.55	5.92	295.55	22.30	283.35	15.34
291.55	7.89	296.65	25.97	284.55	22.06
294.65	11.74				
296.65	14.77				
299.45	19.73				
301.35	23.58				
303.15	27.61				

从图 6-6 可以看出,加入 10％(质量分数)的乙二醇作为抑制剂时,抑制作用不明显。当抑制剂加入量达到 30％(质量分数)时,抑制效果才显著显示出来。其原因在于乙二醇的相对分子质量较大,摩尔浓度较质量浓度低得多。而抑制效果主要取决于摩尔浓度的大小。由于甲醇的相对分子质量较乙二醇小,因此相同质量浓度时,甲醇的摩尔浓度明显高于乙二醇的摩尔浓度,因此抑制效果较乙二醇要好得多。可见单从抑制效果来看,甲醇是最理想的解冻剂。但甲醇有毒,一般情况下不应使用。只有紧急情况下,才采

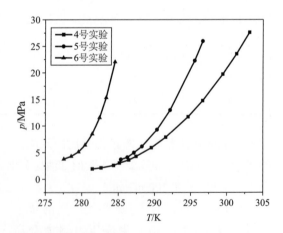

图 6-6　不同抑制剂加入量下水合物生成条件对比

用甲醇来解冻。三甘醇也是一种常用的水合物抑制剂,但由于它的相对分子量比乙二醇的还要大,因此抑制效果更差。但由于其蒸气压低,损耗也低,用作输送管线中的防冻剂效果较持久。一般情况下可采用乙二醇来做水合物抑制剂(解冻、防冻剂),加入量在 30％～50％(质量分数)效果明显。

第7章 高温高压气井地面测试技术

7.1 高温高压地面测试工艺

7.1.1 地面测试工艺概述

测试是石油勘探开发的一个重要组成部分,是认识油田,验证地震、测井、录井等资料准确性的最直接、有效的手段。通过测试可以得到油气层的压力、温度等动态数据,据此进行试井分析,同时可以计量出产层的油、气、水产量,测取流体黏度、成分等各项资料,了解油、气层的产能,采油指数等数据,为油田开发提供可靠的依据。地面测试是整个测试过程中的一个重要部分,通过地面测试设备,可以记录井口压力、温度,测量油气比重及油、气、水产量数据,对流体性质做出分析。因此搞好地面测试,取全取准测试资料,对油田的勘探开发有着重要的意义。

地面测试工艺主要是利用地面测试设备,实现安全控制、测取各项数据。地层流体流经水下测试树、地面测试树、油嘴管汇和数据管汇等设备,实现安全控制并测取地面压力、温度数据,经加热器对流体加热后,进入分离器进行三相分离,分离后的油、气、水经各自的计量仪表计量产量。分离后的原油可进计量罐计量(产量低时进罐计量),也可直接流经分配管汇到燃烧器处燃烧,计量罐计量后的原油可以用输油泵泵到燃烧器燃烧,分离器分离出的水可以排放到海里(必须达到排放标准)或排放到污水罐内,分离器分离出的天然气直接流经分配管汇到燃烧器处燃烧。为了保证油、气燃烧时能燃烧完全,还配备了压风机,以供给燃烧雾化用的压缩空气。在燃烧器上还配备了冷却水管线,从平台上供给冷却水以便对燃烧器冷却。通过地面测试计量仪表及数据采集系统,可以测取流体到地面后的压力、温度,油、气、水的密度,流体含水量、含杂质量,油、气、水产量及气油比等数据,最终提供地面测试报告。

7.1.2 地面测试流程设计

高温高压气井测试具有高温、高压、流体含砂、振动以及容易生成水合物等特点,相对于常规井测试,高温高压气井地面测试流程主要面临高温、高压、高产、振动及出砂等难点,设计地面流程时需要满足如下要求:

(1)设备以及管材防 H_2S,CO_2。

（2）放喷流程高压部分使用 15K 设备，采用两级油嘴节流。

（3）高压放喷管线用钢圈密封代替由壬橡胶垫密封，使用法兰管线。

（4）数据头接孔扣型以 $\frac{9}{16}$ in Auto Clave 取代常用的 NPT 连接。

（5）地面流程具有远程关断装置（ESD），具有高低压自动关断功能。

（6）设置有紧急放喷管线。

（7）两级节流平稳降压，加热流体以及注入化学药剂来防止水合物生成；采用高压大排量化学注入泵。

（8）对流程进行含砂和振动监测。

7.1.2.1　流程安全阀设计

（1）紧急关断阀：测试树主阀和翼阀，人工按钮控制，位置设在钻台、分离器区、监督办公室、生活区等位置，紧急情况下按下其按钮即可关闭井口。

（2）地面安全阀：测试油嘴管汇前，自动控制＋手动控制（在流程稳定后自动控制），设定油嘴后压力高于分离器工作压力或低于燃烧臂气管线压力自动关闭。

（3）紧急放喷管线：设置在油嘴管汇和加热器之间，自动控制。

7.1.2.2　管线连接设计

（1）流程高压部分（油嘴管汇上游流程）：使用 3 in 15K 防硫法兰管线，采用金属钢圈密封，排除了传统橡胶密封因热胀冷缩引起的油气泄漏。

（2）高压流程的所有接口：放样孔，压力表安装孔，压力、温度传感器安装孔，水合物抑制剂注入孔，并且均采用密封性更好、耐压等级更高的 Auto Clave 扣型。

7.1.2.3　地面测试树设计

（1）测试树主阀和压井翼阀均有一液动阀，设为手动按钮控制。

（2）采油树紧急关断阀通过上游流程的低压触动阀来控制，同时设有手动控制装置。

（3）低压触动阀：设置压力为 500 psi。

（4）当 15K 油嘴管汇油嘴刺漏、管汇本体外漏或管线爆裂导致高压流程压力降低至 500 psi 时，触动阀释放信号线压力，关闭采油树液动阀。

（5）只在稳定求产阶段工作，试压及换油嘴等不稳定工况时将其隔离。

7.1.2.4　地面安全阀设计

（1）地面安全阀通过下游流程的一高压和一低压触动阀来控制，同时设有手动控制装置。

（2）高压触动阀：设置压力为 1 400 psi，低于分离器的正常工作压力，保证分离器和加热器的安全。

（3）低压触动阀：设置压力为 200 psi，相当于燃烧臂气管线压力，是整个流程的最低工作压力。

（4）只在稳定求产阶段使其工作，试压及换油嘴等不稳定工况时隔离。

7.1.2.5　紧急放喷流程设计

（1）紧急放喷流程接在油嘴管汇与加热器之间，将过高的流程压力直接释放到燃烧头，保护测试设备。

（2）弹簧式安全阀开启压力设置为 1 400 psi。

（3）手动闸板阀作为备用阀使用，在求产阶段手动闸板阀设置在敞开状态，如果弹簧式安全阀漏压失效，则关闭手动阀。

通过设置流程的自动安全控制，在正常测试期间可以有效地保证流程及设备的安全。当油嘴刺漏或堵塞、水合物冰堵、管线漏压、下游设备泄漏或堵塞等情况发生时，流程管线压力变化超过设定值时，安全控制装置都会自动工作，关闭采油树安全阀或地面安全阀。同时这两级安全阀还设有传统的手动控制按钮，可进行人工控制。

7.1.3　地面测试管汇设计

目前用于高温高压气井的测试管汇主要有"日"字形和"丰"字形 2 种结构。"日"字形管汇占地面积小、阀门少、操作简单，因此该装置简单方便，测试机动性强，但由于流程入口较少，一旦出现故障，更换或检修需要截断入口，影响测试连续性，因而检修十分困难。"丰"字形管汇分为单"丰"和双"丰"，由于流程的入口较多，更换或检修倒换灵活，不影响测试的正常进行，与"日"字形管汇阀门组相比检修容易，便于高温高压恶劣井况下顺利测试，但阀门数量多、连接管线多、对场地要求高。

针对高温高压气井，因具有高压高产特征，测试过程中流程冲蚀、堵塞风险大，对地面流程的灵活性、可靠性要求高，因此多采用"丰"字形管汇，便于维修。

7.1.3.1　测试管线尺寸选择

高速流体在管线内流动时会发生冲蚀，在管体截面积一定的情况下，流量越大流速就越大，当达到一定流速时虽然流体还能够通过管线，但会对管线造成冲蚀，这个产生冲蚀的最大速度为临界冲蚀速度，根据冲蚀流速确定管线的通过能力公式如下：

$$q_e = 5.164 \times 10^4 A \left(\frac{p}{ZT\gamma_g} \right)^{0.5} \tag{7-1}$$

式中　q_e——受冲蚀流速约束的油管通过能力，10^4 m³/d；

　　　A——管道截面积，m²；

　　　p——绝对压力，MPa；

　　　γ_g——气体相对密度；

　　　T——绝对温度，K。

最大速度点在测试管线入口处，测试管线的尺寸与 T，q_e 和 γ_g 成反比，与入口压力成反比。不同工况下测试管线尺寸的计算结果见表 7-1。

表 7-1　不同工况下测试管线尺寸的计算结果

管线尺寸/mm	气量/(10^4 m³·d⁻¹)	管线尺寸/mm	气量/(10^4 m³·d⁻¹)	管线尺寸/mm	气量/(10^4 m³·d⁻¹)
62	70.23	62	138.82	62	169.43
76	97.36	76	192.46	76	234.88
入口压力 2 MPa，入口温度 20 ℃，相对密度 0.56		入口压力 7 MPa，入口温度 20 ℃，相对密度 0.56		入口压力 10 MPa，入口温度 20 ℃，相对密度 0.56	

7.1.3.2　测试管线材质选择

对含二氧化碳的高含硫气井,管线选择应考虑抗硫、抗二氧化碳腐蚀,普通 API 管材不能满足要求。考虑到测试管线只用作短期作业,井口与管汇、管汇与加热器连接的高压管线及放喷测试管线可选用抗硫管材——高抗硫油管。

此外,对于弯头的选择应该较管线钢级高出一个级别,以防止弯头处由于承压过高而造成提前损坏。

7.1.3.3　测试管线扣型选择

丝扣等连接处是发生氢脆腐蚀开裂的高危地点,普通 API 圆丝扣油管主要靠圆扣扭紧面接触密封,高压差下其密封性能不能得到保证,若硫化氢泄漏会严重危及人身安全,因此需要采用法兰连接或主密封和辅助密封相结合的特殊螺纹扣连接。

7.1.4　地面测试安全环保系统

在测试过程中一旦出现紧急事故,其所带来的危害是巨大的,不但会造成巨大的经济损失,还会危及人身安全、造成环境污染,因此从安全环保的角度出发,应配备安全控制系统和高空燃放装置并且要对地面安全进行监测。

7.1.4.1　安全控制系统

针对现场和整个井场产生超高压、超低压、泄漏、火灾等异常情况,尤其是现场天然气渗漏达到危险浓度而未被发现的环境工况下,安全控制系统将会使井上、井下各安全阀自动、紧急切断关井,断绝气源,从而彻底避免现场爆炸等重大危险事故的发生。该系统可实现就地手动控制,还具备自动跟踪补压功能、自动诊断功能。

安全控制系统由如下几方面组成:

(1) 液压控制系统。

为操作各阀门提供液压动力,为紧急关井提供操作液压源。

(2) 控制系统。

由程序控制测试设备并通过通信设备连接到控制室,实现远程监控。

(3) 配电系统。

提供整个控制盘的动力电源、控制电源、现场仪表电源、通讯电源及撬装房的照明和空调电源。

(4) 地面采集监测系统。

提供现场各种压力、温度、位置等传感信号。

7.1.4.2　燃放装置

放喷测试过程中,需要将测试后的气体烧掉,因此在平台两舷安装燃烧臂,并配置喷淋系统,将测试产出气体烧掉,避免有毒有害气体的污染以及强辐射对平台相关设备的损害。

考虑到硫化氢气体的剧毒特性,从燃烧臂出来的气体应立即烧掉。因此在测试放喷作业前,根据风向选择下风向的燃烧臂燃烧头点燃,并打开相应的喷淋系统。

目前国际上通用的热辐射标准见表 7-2,7-3。

表 7-2　对人员的热辐射标准

区　域	API 521 标准	Btu·h^{-1}·ft^{-2}
安全区域	<1.58 kW/m²	<500
防护距离	1.58～4.73 kW/m²（几分钟的停留时间）	500～1 500
防护区域	4.73～6.31 kW/m²（60 s 峰值逃离到安全地带）	1 500～2 000
致死区域	>6.3 kW/m²	>2 000

表 7-3　对设备的热辐射标准

级　别	API 521 标准	危　害
一　级	12.5 kW/m²	点燃木制品,融合塑料制品
二　级	37.5 kW/m²	总易引起工艺设备的损坏及在有限的时间内点燃木质易燃品
三　级	100 kW/m²	结构破坏

7.1.4.3　地面安全监测措施

（1）硫化氢浓度监测。

在井口、节流保温装置、分离器、流量计等经常有施工人员操作和流程设备连接密封处及地面管汇中受到流体冲蚀程度较大的地方,安装硫化氢检测仪探头和报警器,随时进行硫化氢监测。

（2）地面测试流体性质监测。

通过对分离器出口和放喷管汇出口排出的液体进行取样分析,确定排出液体性质,以便及时实施相应的回收处理措施,防止硫化氢从排出液中溢出造成伤害。

（3）测试流体出砂监测。

通过对流体含砂量的监测,衡量地层出砂的严重程度,为调节油嘴大小控制产量提供依据。监测流体内固体颗粒的含量,在保证分离器安全工作的前提下使流体适时进入分离器。使用测壁厚装置,在流程拐弯处、流程强度相对薄弱处、易受砂粒侵蚀的地方进行壁厚检测,一旦发现壁厚变薄,即采取控制产量等措施,紧急情况下立即关井,以防发生人身伤害。

（4）地面测试流程振动监测。

通过振动在线监测软硬件,选择设置合理的振动安全值,为控制产量的大小提供参考。通过改变油嘴大小来调节油气产量,控制流程振动在合理的范围内,及时预防、诊断、消除设备故障,对设备运行进行必要指导,确保测试设备及其人员安全,使测试作业安全顺利进行。

7.2　高温高压地面测试流程

7.2.1　地面测试流程组成

对于高温高压气井测试,地面测试流程需要考虑如何通过采用多级节流降压,以满足油气水分离与计量,但还要考虑防止高压与节流降温形成水合物。应考虑高温情况下地面装备密封要耐温。此外就是设计地面流程如何满足测试的最大产量要求,并对测试过程中可能出现的井下与地面各种事故能够有效监测及控制。

对于高温高压气井测试,特别是具备高产能力的井,地面测试流程采取双翼放喷求产。每套流程的计量能力一般不低于120×10^4 m^3/d。

典型的地面测试流程包括以下几方面:主测试流程,辅助测试流程,主生产流程,双翼生产流程,油管、套管合采生产流程,套管放喷流程,正循环压井流程,反循环压井流程,数据采集与处理系统,安全应急系统等。

高温高压地面测试流程是将流经测试管柱后产出的地层流体进行加热、分离,分别计算出油、气、水的产量,采集以及分析所需的油、气、水样品,对地层产出油、气进行燃烧处理,搞清地层流体产能、性质、温度、压力的动态特征的整个工艺过程。主要包括水下测试树、地面测试树、除砂器、数据管汇、油嘴管汇、加热器、分离器、计量罐、输油泵、燃烧器分配管汇、燃烧器、压风机、操作间、管线、接头、阀门等。

地层流体从地面测试树生产翼阀出来后,流经高压挠性软管和平台固定高压硬管首先至地面安全阀、除砂器及高压油嘴管汇。地面安全阀能够实现在其下游管线刺漏情况下的应急关断,除砂器将流体中可能携带的砂过滤掉以防止下游流程被砂蚀,高压油嘴管汇用于调节油嘴开度。

流体从高压油嘴出来后进入加热器,加热器主要用于对流体加热,降低其黏度,防止水合物结冰堵塞管线,在不需要进入加热器时可以通过旁通进入分离器,也可以在应急情况时进入应急放空管线。

流体经加热器后进入分离器,分离器可将油、气、水分离并计量,在不需要进入分离器时可以通过旁通进入下步流程,也可以在应急情况时进入应急放空管线。另外分离器油、气舱室具备应急放空管线,在测试量超过分离器额定工作压力时能够自动转换至应急放空流程。

流体经分离器后,进入缓冲罐,缓冲罐由3个密闭罐组成,可分别存储并计量油、气、水。同时在不需要进入缓冲罐时可以直接导流程至分配管汇,然后流至燃烧臂,也可以在应急情况时进入应急放空管线,同时每一个密闭罐本身具备一个安全阀,可以设置安全阀的额定压力,超过密闭罐的安全压力时能够自动开启,密闭罐内的气体就可以流至应急放空管线。输油泵连接至缓冲罐及平台计量罐。可以实现3个密闭罐内流体的灵活互导,也可以将密闭罐内的流体导至平台上的其他容器。

7.2.2　地面测试流程特点

(1)采用多级节流降压管汇系统,使高压气流通过各级节流管汇后测试压力平稳降低,并满足三相分离器承压要求。

(2)采用远程数据采集及监测系统,一方面能取全测试资料,另一方面能监测测试参数,鉴别井下与地面流程是否安全可靠。

(3)管汇上的节流阀前后装有数据头传感器,在调节节流阀的同时可监控压力和温度,起到监控一体化的作用。

(4)在井口至一级节流管汇台之间安装应用化学注入泵,可以防止高压气流的冰堵,起到保证测试施工安全的作用。

(5)应用热交换器和供热管线等保温系统,可以避免流体因膨胀吸热降温而导致其中的水合物发生冰堵,确保测试流体的畅通无阻和测试数据的真实可靠。

（6）安装放喷管线，既起到监测环空压力的作用，又消除因环空气窜而引起的事故隐患。

（7）准备好压井液和压井管线及配备加重压井液，确保测试施工中一旦压力失控，压井紧急处理方案能及时有效地避免安全事故的发生。

（8）制定井场安全措施，确保测试施工中一旦出现重大安全问题，能及时安全地做好应急准备，体现以人为本、安全施工的理念。

（9）通过控制放喷装置上的不同阀门可以完成测试过程中的多种作业，包括替喷、回收钻井液、正（反）循环洗（压）井、放喷和测试等，达到正确处理有毒有害气体、有序排放液体废物的目的，充分体现重视健康、安全、环保的施工理念。

7.2.3　地面测试流程主要设备

地面测试流程主要设备见表 7-4。

表 7-4　地面测试流主要设备

序号	材料名称及规格型号	单位	数量
1	地面测试树	套	1
2	3 in 高压挠性软管	套	1
3	动力油嘴	套	1
4	地面安全阀	套	2
5	ESD 控制面板	套	3
6	油嘴管汇	套	1
7	加热器	套	1
8	分离器	套	1
9	计量罐	套	3
10	压风机	套	3
11	输油泵	套	3
12	燃烧头	套	2
13	化学注入泵	套	3
14	锅　炉	套	2
15	数采房	套	1
16	操作间	套	1
17	工具房	套	1
18	取样房	套	1

7.2.4　主要地面设备及其用途

（1）地面测试树：用于提升测试管柱，在紧急情况下，可实现自动或手动关断，保证作业安全。

（2）除砂器：主要用于将流体中的砂砾过滤掉，防止砂砾冲蚀地面测试流程管线。

（3）数据管汇：监测压力、温度，连接到地面记录仪、压力计、静重试验仪、化学注入泵、试压泵等设备，也可在此处取样。

（4）油嘴管汇：由5个3 in闸板阀提供了3条流体流动通道。可调油嘴通道用于开井放喷时，控制调节地面压力。固定油嘴通道用于提供一定尺寸的流体流经通道，以控制压力及流量，测试出稳定的产量。旁通用于提供一个大尺寸（3 in）通道，以便测试后对流程清洗和冲扫。

（5）加热器：可用于对井内的流体加热，降低其黏度，主要用于气井防止水合物结冰堵塞管线。

（6）分离器：利用油、气、水密度的不同，经分离器内分离元件将油、气、水分离，利用外部的油、气、水计量仪器对其产量进行计量。

（7）计量罐：用于计量低产量时的日产油量及测试前对三相分离器流量计的校正。

（8）输油泵：主要用于将计量罐内的原油输送到燃烧器燃烧，或输送到储油罐内。

（9）燃烧器：包括燃烧臂和电打火装置，主要用于将井内产出的流体烧掉。

（10）燃烧器分配管汇：燃烧器分配管汇有2个，可根据风向变化将井内产出的流体切换到顺风向的燃烧器上燃烧。

（11）压风机：主要用于提供燃烧器原油燃烧时需要的助燃空气。

7.2.5 地面测试流程的应用

7.2.5.1 陆地准备

（1）对地面测试树进行保养后试压15 000 psi，稳压15 min；试验地面测试树应急关断系统，确认关断系统远程关井动作迅速可靠。

（2）对地面安全阀进行试压15 000 psi，稳压15 min，试验地面安全阀应急关断系统，确认关断系统远程关断动作迅速可靠。

（3）对动力油嘴进行试压15 000 psi，稳压15 min，反复试验动力油嘴开关是否灵活，油嘴打开尺寸是否和所需要刻度吻合。

（4）对数据管汇和油嘴管汇进行试压15 000 psi，稳压15 min；确认油嘴数量齐全，密封钢圈齐全，每个油嘴的丝扣完好。

（5）对热交换器进行整体和进口旁通试压10 000 psi，稳压15 min。

（6）对分离器进行整体试压1 200 psi，对进口旁通试压1 500 psi，稳压15 min；对分离器各流量计进行校对。

（7）对油分向五通、气分向三通进行试压1 400 psi，稳压15 min。

（8）对燃烧头进行试压500 psi，稳压15 min。

（9）对密闭罐阀门试压1 000 psi，稳压15 min。

（10）按测试流程设计准备足够的3 in 1502，3 in 602硬管线和弯头。

（11）按测试流程设计准备足够的3 in 602软管线和2 in压缩空气、蒸汽、柴油助燃软管线。

（12）准备地面流程连接所需的各种变扣。

（13）准备好取油气样品的样瓶，样瓶必须试压合格，油样瓶清洗干净，气样瓶抽好真空。

(14) 按测试作业准备所需的配件和耗料。

(15) 调试好数据采集系统,对压力、压差、温度、流量等传感器逐一标定。

(16) 蒸汽锅炉运转正常,要求输出压力、蒸汽量达到测试要求。

(17) 压风机运转正常,要求输出压力、空气量达到测试要求。

(18) 输送泵运转平稳无异常。

(19) 检查所有设备的吊耳、吊具证书。

(20) 列出详细的设备装船清单。

(21) 确定测试作业人员,内部进行测试交底。

7.2.5.2　现场安装

(1) 吊装测试主要设备尽量一次到位,设备间的连接管线尽量减少路径弯曲。

(2) 应急关停系统的设置。

① 应急关停系统连接设备:地面测试树流动翼阀、地面安全阀。

② 应急关停面板设置位置:钻台、地面测试区域、通向钻台的扶梯口或生活区门口。所有测试人员都应清楚应急关停开关的位置。

(3) 按测试地面流程图连接各设备。

(4) 确保所有流动管线固定牢固,必要的位置需平台方协助焊接固定。

(5) 确保所有使用的由壬均为焊接由壬。

(6) 确保所有应急排空管线已连接至舷外并固定牢固。

(7) 测试设备设置区的道路要保持畅通,逃生路线上不允许设置任何障碍。

(8) 测试期间要用到多种化学品,每种化学品都要有明确的操作规程及安全技术说明书。

(9) 所有易燃、易爆品要存放在远离测试区域的安全区域。

(10) 地面测试区域、接电设备配备足够的灭火器。

(11) 用固井泵冲洗所有测试用到的管线,直到燃烧头。

(12) 地面测试设备压力测试。

① 地面测试树至地面油嘴管汇海水试压 15 000 psi,稳压 10 min。

② 热交换器上游管线海水试压 10 000 psi,稳压 10 min。

③ 用海水对加热炉的下游、分离器、气管线及油管线到分向管汇试压 1 200 psi,稳压 10 min。

④ 用海水对油管线从分向管汇到燃烧头部分试压 500 psi,稳压 10 min。

⑤ 所有试压要记录、注明并经测试施工工程师现场签字认可。试压时,每个压力等级的试压要求低压的时间不少于 5 min,高压不少于 10 min。

⑥ 试压时注意不要让压力容器的安全阀工作或破裂盘工作。

⑦ 校对分离器的流量表,计算出校正系数,检查巴顿记录仪,保证其工作正常。

⑧ 检查点火系统及压风机的工作状态是否正常。

⑨ 启动蒸汽锅炉,并检查应急关停系统工作是否正常。

(13) 拆掉燃烧头上所有的冷却水喷头,用最高泵速冲洗冷却水管线,然后再装回喷嘴,重新测试,保证冷却水系统工作良好。

（14）用防冻剂对化学注入泵进行功能测试,测试压力 15 000 psi,并保证备用泵处于良好的工作状态。

（15）对应急关停系统进行测试,确保关断动作能迅速实现。

（16）连接地面测试树。

（17）连接井口管线,包括生产流动管线及压井管线,然后将管线固定。

（18）连接流程振动监测系统,调试合格。

（19）调试动力油嘴,观察刻度是否一致。

（20）检查 2 级固定油嘴,备好常用油嘴。

7.2.5.3 开井测试前的准备

（1）召开安全交底会议,就有关测试的注意事项、危险性向平台方交底,每个人均应记住可能出现的紧急情况、处理分工等事项,并明确各自职责。

（2）检查并确保从水下树到燃烧臂的放喷管线畅通。

（3）值班拖轮到上风处巡航。

（4）启动冷却水系统。

（5）准备一台钻井泵给冷却系统供海水。

（6）启动锅炉,点燃烧头。

（7）广播通知全体员工,各岗位人员到位,通讯畅通。

（8）检查并确保供测试设备用的压缩空气处于良好状态。

（9）压风机处于备用状态,地面油嘴管汇处做好防冻剂注入的准备工作。

（10）开井流动,记录井口压力、温度等数据。

7.2.5.4 初开井

（1）记录初开井的时间及井口流动显示。

（2）每分钟记录一次井口数据。

（3）如果地层产能较高,初开井期间完成清井工作,井内柴油液垫通过燃烧头烧掉。

（4）清井结束后,按甲方地质监督要求进行求产作业。

（5）地层流体返到地面后,及时检查流体内是否含有 H_2S 及 CO_2。如果 H_2S 的含量大于 30 ppm,听从监督指令或在紧急情况下关井。

7.2.5.5 初关井

（1）环空泄压,关闭井下测试阀,关闭地面油嘴管汇,记录关闭后的井口压力。

（2）初关井求取原始地层压力,关井时间为开井时间的 5～8 倍。

（3）关井后每 5 min 记录一次井口压力和温度。

（4）关井后数据采集系统继续记录所有能监测到的数据。

7.2.5.6 流动求产期

（1）值班拖轮到上风处巡航;启动压风机、锅炉和平台的冷却水系统;燃烧头点火系统工作正常。

（2）环空加压打开井下测试阀,观察地面油嘴管汇处压力,确定测试阀已打开后,开地面油嘴管汇放喷。

（3）观察井内的流体干净后,将流体导入三相分离器进行计量。

（4）流动期间取资料要求。

① 要求稳定流动时间在 2 h 以上。1 h 内压力变化波动不超过 0.03 MPa；1 h 内产量变化波动不超过 3%。

② 每 5 min 记录 1 次：井口压力、温度，分离器压力、温度。

③ 每 30 min 计算 1 次：凝析油、气、水流量，现场凝析油、气、水样分析数据等。

④ 每 1 h 从分离器取样测量凝析油、气相对密度，从井口分离器取样做凝析油含水及沉淀物分析 1 次。

⑤ 每 1 h 从分离器（或井口）取水样做氯根含量分析，从分离器取气样做气组分分析 1 次。

⑥ 其他取资料要求按现场地质监督指令执行。

7.3 高温高压地面测试设备

7.3.1 地面测试树

7.3.1.1 结构和用途

地面测试树是控制油气井和下入电缆的主要设备，其结构如图 7-1 所示。上部连接电缆钢丝作业的防喷管和防喷器等设备，下部与钻杆或油管相连，流动头通常配有旋转短节用来旋转下部管柱，如坐封封隔器等，用吊环吊住提升短节，悬挂控制头。共有 4 个闸阀，且排列成十字形。主阀是位于下部的液控阀，用来隔离油井和地面流程；抽吸阀是位于上部的手动阀，用来下入电缆工具串到井筒中；流动翼阀是液控无故障常关阀，通过控制面板加压开启，紧急情况下泄压快速关井；压井翼阀是液控阀，测试时通过单流阀与泵相连，紧急情况下用于压井。

7.3.1.2 技术规范

地面测试树技术规范见表 7-5。

表 7-5 地面测试树技术规范

设计标准	API 6A PSL 3, ANSI B31. 3
使用范围	H$_2$S NACE MR 0175＋CO$_2$
长×宽	166.03 in×69.54 in
生产主阀	Hydraulically Actuated
生产清蜡阀	Hydraulically Actuated
流动翼阀	Hydraulically Actuated
压井阀	3 in Fig 1502
内部最大工作压力	15 000 psi
液控压力	4 500 psi
最大工作压力/最大拉伸载荷	600 000 lbf
工作温度范围	−45～177 ℃
质 量	23 920 lb

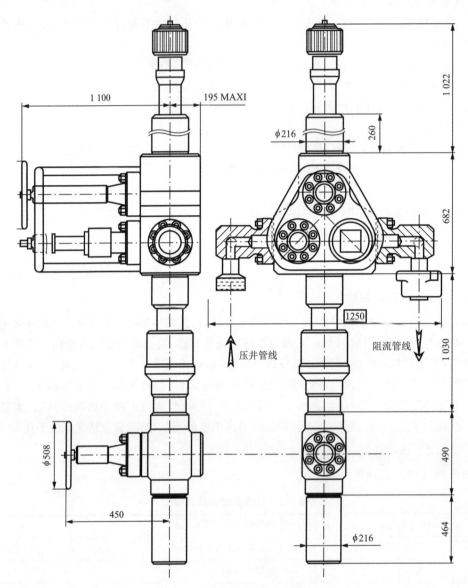

图 7-1　地面测试树结构示意图

7.3.2　地面安全阀

7.3.2.1　结构和用途

地面安全阀用于连接地面高压管线与油嘴管汇,紧急情况下用于紧急关断,其结构如 7-2 所示。

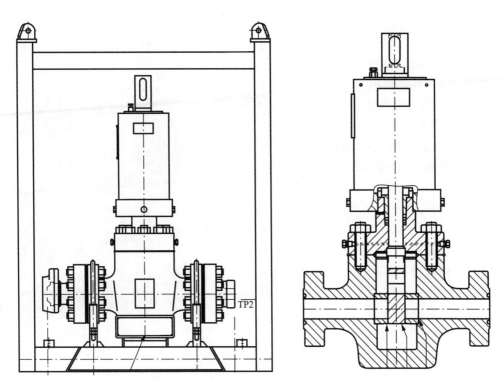

图 7-2　地面安全阀结构示意图

7.3.2.2　技术规范

地面安全阀技术规范见表 7-6。

表 7-6　地面安全阀技术规范

设计标准	API 6A/ANSI B31.3
使用范围	H_2S NACE MR 0175＋CO_2
长×宽	50.79 in×23.23 in
进　口	$3\frac{1}{16}$ in 15K flange
出　口	$3\frac{1}{16}$ in 15K flange
内部最大工作压力	15 000 psi
控制通道最大压力	10 000 psi
液压操作压力	3 000 psi
工作温度范围	−50～350 ℉
质　量	900 kg/1 980 lb

7.3.3　除砂器

7.3.3.1　结构和用途

除砂器主要用于将流体中的砂样过滤掉,以免堵塞或损坏地面测试设备,起到保护除砂器下游设备的作用,便于作业安全持续进行。

除砂器有两翼,在每翼的过滤筒内都安装有可更换的筛管,在每个过滤筒的两端都有 2 个 $3\frac{1}{16}$ in 的闸板阀来控制所过滤液体的进出。当然,在流体不含砂或者微含砂的情况下,也可以直接使流体不经过过滤筒而通过旁通流动,在旁通管线上有 1 个 $3\frac{1}{16}$ in 的闸板阀。

在实际使用中,当一翼过滤筒筛管内的砂子达到需要更换的高度时(可以通过筛管上下游两端的压差表变化来判定筛管是否已满),将流程倒至另外一翼并及时更换已满的筛管,此操作必须使用除砂器自带的泄压系统来将已满筛管一翼的压力放掉,此泄压系统由 2 个 $2\frac{1}{16}$ in 的闸板阀和 1 个 $2\frac{1}{16}$ in 的可调油嘴组成。可调油嘴安装在除砂器的右翼,通过此可调油嘴可以控制泄压系统的压力在安全范围之内,最后将压力通过 2 in 硬管线泄至舷外安全区域。

除砂器如图 7-3 所示。

图 7-3　除砂器

7.3.3.2　技术规范

除砂器技术规范见表 7-7。

表 7-7　除砂器技术规范

适用规范	API RP 14E;API 6A;ASME B16.5;NACE MR 01-75
额定工作压力	10 000 psi
工作温度范围	−20～120 ℃
最大允许干气流量	35 MMscf/d(百万标准立方英尺/天)
最大允许油流量	5 000 bbl/d
最大允许筛管压差	1 500 psi(100 bar)
过滤筛管最大允许盛砂量	46 L
顶部进口卡箍接头	Techlok $\frac{10}{32}$ in
流体进口	3 in Fig 1502 母头由壬 bore 78 mm
流体出口	3 in Fig 1502 公头由壬 bore 78 mm
泄压头	2 in Fig 1502 公头由壬 bore 38 mm
除砂器内部连接	法兰 $3\frac{1}{16}$ in×10 000
卡箍封闭连接	$\frac{10}{32}$ in 钢
筛管尺寸	2 250 mm×162 mm($L×OD$),标准孔密度:100 μm,200 μm,400 μm
外形尺寸	2.80 m×2.18 m×4.06 m(待命状态),7.40 m(使用状态,包含框架)
质　量	8 000 kg

7.3.4　油嘴管汇

7.3.4.1　结构和用途

油嘴管汇主要起节流的作用,控制油嘴管汇下游的流动压力,保证下游设备和作业人员的安全,其结构如图7-4所示。由5个3 in闸板阀提供了3条流体流动通道:可调油嘴通道用于开井放喷时,控制调节地面压力;固定油嘴通道用于提供一定尺寸的流体流经通道,以控制压力及流量,测试出稳定的产量;旁通用于提供一个大尺寸(3 in)通道,以便测试后对流程清洗和冲扫。

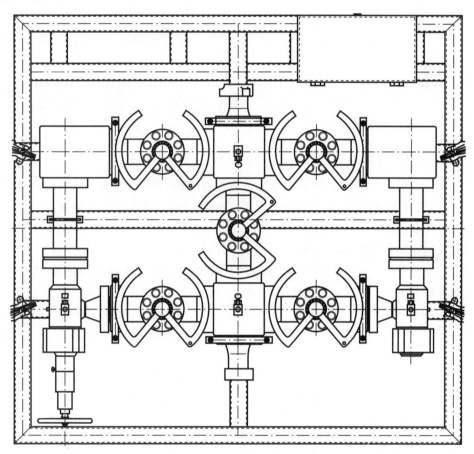

图7-4　油嘴管汇结构示意图

7.3.4.2　技术规范

15K调嘴管汇技术规范见表7-8。

表7-8　油嘴管汇技术规范

服务环境	防酸性气体
材料等级	EE-NL(碳化钨硬面)
额定工作压力	15 000 psi
水力测试压力	22 500 psi

服务环境	防酸性气体
工作温度范围	API P~U(-20~250 ℉)
阀 门	$3\frac{1}{16}$ in E 型手动闸板阀,$3\frac{1}{16}$ in 闸板阀,$3\frac{1}{16}$ in 闸板阀
可调油嘴	最大开度 2 in
固定油嘴	2 in 油嘴球座,一套标准油嘴:$\frac{4}{64}$ in,$\frac{8}{64}$ in,$\frac{12}{64}$ in,$\frac{16}{64}$ in,$\frac{20}{64}$ in,$\frac{24}{64}$ in,$\frac{28}{64}$ in,$\frac{32}{64}$ in,$\frac{36}{64}$ in,$\frac{40}{64}$ in,$\frac{44}{64}$ in,$\frac{48}{64}$ in,$\frac{52}{64}$ in,$\frac{56}{64}$ in,$\frac{64}{64}$ in,$\frac{72}{64}$ in,$\frac{80}{64}$ in,$\frac{88}{64}$ in,$\frac{96}{64}$ in,$\frac{104}{64}$ in,$\frac{112}{64}$ in,$\frac{120}{64}$ in,$\frac{128}{64}$ in
入口连接	4 in 2202 母由壬(或 $3\frac{1}{16}$ in 15K BX154 法兰连接)
出口连接	4 in 2202 公由壬(或 $3\frac{1}{16}$ in 15K BX154 法兰连接)
外部尺寸	3.20 m×2.25 m×1.00 m
质量(整套)	4 000 kg

7.3.5 蒸汽加热器

7.3.5.1 结构和用途

蒸汽加热器用于对井内生产的流体进行加热,降低流体黏度,便于分离器对流体的分离;提高原油的温度,便于原油充分燃烧;对于气井,防止水合物结冰形成冰堵。

常见直接蒸汽加热型换热器装置如图 7-5 所示,外径 1.219 m(48 in),长 4.877 m(接口到接口距离),$1.008×10^6$ kcal/h 输入。该装置有两路盘管,由一个 25.4 mm(1 in)的可调油嘴分开。在油嘴的上流有 10 道 76.2 mm(3 in)XXH 管线制成的高压盘管,工作压力为 301.6 atm(4 432 psi);在油嘴的下流有 10 道 76.2 mm(3 in)XH 管子制成的低压盘管,工作压力为 122.2 atm(1 769 psi)。这种加热器还有配备 3 个 76.2 mm(3 in)× 340.2 atm(5 000 psi)球阀的旁通管汇,并在进出口管线上配有 76.2 mm(3 in)半副 Weco 602 油壬。加热器外部带有 38.1 mm($1\frac{1}{2}$ in)带铝皮的保温层。蒸汽进口由一个恒温控制阀(器)控制。在测试中使用加热器的主要目的是针对气井测试。当高压气井测试并通过油嘴时,由于减压,气体膨胀并冷却。如果冷却非常严重将导致水合物形成,堵塞流程管线。

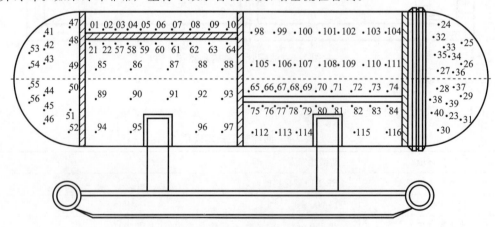

图 7-5 蒸汽加热器结构示意图

在气井测试中上述大多数情况都会出现。如果天然气温度低于 800 ℉（大约），压力超过 4 500 psi，那么水合物就很可能形成；在 700 ℉，压力为 1 400 psi 时水合物就要形成；在 640 ℉，600 psi 时水合物就会形成。加热器的基本设计目的就是要解决上述问题。这种设计被认为是分离的管束组（多道盘管）。经过油嘴管汇后膨胀并冷却的上流气体（对加热器盘管而言为上流）直接进入由 10 道高压管子组成的高压盘管，天然气得到重复加热。加热器内高压气体通过加热器油嘴膨胀，减压变得更冷，冷却的天然气又进入加热器并通过低压盘管，使之更快地加热。旁通管汇是加热器的一部分，可以使测试流体不进入加热器而直接走旁通。加热器的热量输出与盘管的有效面积、加热器内液体与进入流体的温差、流体流动速度和盘管材料的热通效率（导热效率）有关。相当于每平方英尺盘管外部面积，导热率为 1 000 Btu/h（254 kcal/h），根据经验，对于多数工作条件来讲是可接受的。

7.3.5.2　技术规范

10K 蒸汽加热器技术规范见表 7-9。

表 7-9　10K 蒸汽加热器技术规范

服务环境	防硫
罐体尺寸	42 in 内径×18.75 ft（1.100 m×5.715 m）
工作压力	150 psi（10.6 bar）
容　量	4 875 L
分流盘管	4 in
最大工作压力	上游油嘴组件及下游油嘴组件均为 10 000 psi（700 bar）
水力测试压力	15 000 psi
设计温度	−4～248 ℉（−20～120 ℃）
可调油嘴尺寸	最大 2 in
井液入口连接	3 in 1502 Weco 由壬（或 3 1/16 in 10K BX154 法兰连接）
井液出口连接	3 in 1502 Weco 由壬（或 3 1/16 in 10K BX154 法兰连接）
蒸汽入口连接	2 in 1502 Weco 由壬
蒸汽出口连接	2 in 1502 Weco 由壬
安全设备	气罐上备有压力安全阀，旁通歧管
隔　热	1 1/2 in 厚玻璃棉，配上可拆卸的外壳
质量流量	蒸汽为 2.25 t/h
外部尺寸	7.20 m×2.00 m×2.60 m
质　量	11 500 kg

7.3.6　燃烧器

7.3.6.1　结构和用途

燃烧器包括三部分：燃烧臂（见图 7-6）、燃烧头（见图 7-6）和电打火系统。燃烧臂是一个支持油、天然气、压缩空气和冷却水管线的框架，保证燃烧头离开平台一段距离。燃烧头的设计主要是利用压缩空气对原油进行雾化,将井内产出的流体燃烧干净,保证海洋环境不受污染。电打火系统主要用于地层流体流到燃烧头之前,将火点燃,保证能够连续燃烧。

 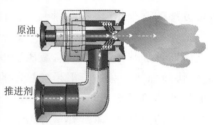

燃烧臂　　　　　　　　　　　　　燃烧头

图 7-6　燃烧臂实物及燃烧头结构示意图

7.3.6.2　技术规范

(1)燃烧头技术规范见表 7-10。

表 7-10　燃烧头技术规范

原油处理能力	1 590 m³/d(10 000 bbl/d)/ 80 psı / 空气供给 34 m³/min
风扇排风量	212 m³/min
风扇电机	功率 5.5 hp,380 V,50 Hz
油、气、水、空气管线接头	3 in Weco 100 油壬
耐　压	70 kgf/cm²(1 000 psi)

(2)燃烧臂技术规范见表 7-11。

表 7-11　燃烧臂技术规范

外形尺寸	18 290 cm×1 020 cm×800 cm
油、气、水、空气管线接头	3 in Weco 100 由壬

7.3.7　三相分离器

7.3.7.1　结构和用途

三相卧式分离器应用重力分离的原理将油、气、水三相分开。在分离器的内腔上部是气室,气的出口在上部;堰板又将容器的下部分成油室和水室,进入分离器的流体首先到达水室上部,在重力的作用下,最下部是水,水上面是油,油上部的空间为天然气。堰板的高度出厂时设在容器高度的 1/2 处,所以在工作过程中要保证水的液位低于堰板的高度,油的液位最高在液位计的 3/4 处,水上面的油就会漫过堰板进入油室。这就是分离器的工作原理。

天然气的计量通过孔板流量计进行,可以使用巴顿记录仪上的记录手动计算气产量,也可以连接数据采集系统自动计算。油水的计量使用涡轮流量计,涡轮流量计的上面装上流量显示器,就可以直接读出数据,还可以与数据采集系统相连,将流量数据传给数据采集系统。

分离器的压力通过气管线上的回压控制系统进行调节,油水液位通过液位控制系统调节。

分离器使用了破裂盘和弹簧安全阀两种安全装置,如出现异常情况首先开启弹簧安全阀泄压,在此阀失效的情况下打开破裂盘泄压。

卧式三相测试分离器装有气体压力,气油界面和油水界面自动控制,安装在油田专用橇上,防硫。装置配有完整的管汇系统,易于操作,包括旁通管线及油、气、水互连管汇,所有管汇的进出口使用由壬连接。防撞外框架可拆卸。

三相分离器结构如图 7-7 所示。

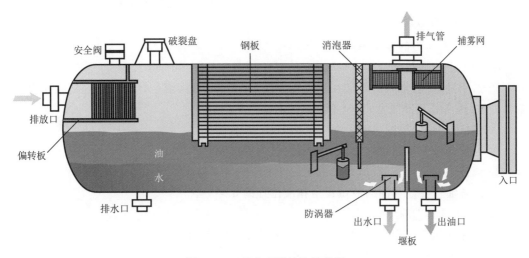

图 7-7　三相分离器结构示意图

7.3.7.2　技术规范

1 440 psi 三相分离器技术规范见表 7-12。

表 7-12　1 440 psi 三相分离器

工作压力	1 440 psi
服务环境	防硫
最低防硫温度	−28.90 ℃(−200 ℉)
压力容器外形尺寸	1 067 mm(42 in)×4 572 mm(15 ft)
容器液面半满时处理能力	气:在 98 atm(1 440 psi)操作压力下,处理能力 124.59×10⁴ m³/d;在 40.8 atm(600 psi)操作压力下,处理能力 67.99×10⁴ m³/d; 液:停留时间 2 min,处理能力 1 649.5 m³/d;停留时间 1 min,处理能力 3 299.0 m³/d
容器液面在 355.6 mm(14 in)	气:在 98 atm(1 440 psi)操作压力下,处理能力 175.56×10 m³/d;在 40.8 atm(600 psi)操作压力下,处理能力 101.94×10 m³/d。 液:停留时间 2 min,处理能力 963.5 m³/d;停留时间 1 min,处理能力 1 926.9 m³/d
进口接头	3 in Weco 602 公油壬
气管线出口接头	3 in Weco 602 母油壬

续表 7-12

工作压力	1 440 psi
油管线出口接头	3 in Weco 602 母油壬
水管线出口接头	2 in Weco 602 母油壬
安全阀出口接头	4 in Weco 602 母油壬
质　量	15 600 kg
外形尺寸	7 315 cm×2 438 cm×2 667 cm

7.3.7.3　参数设定原则

（1）分离器压力的设定原则。

① 理论上压力越低分离效果越好。

② 对于发泡油,将压力设定在泡点压力以上 50 psi,观察液位计时可以看到原油内不断溢出气泡,调高分离器压力,直至不出现气泡。

（2）液位调节的原则。

① 原油的液位和油水界面都要在液位计内看得到。

② 液位必须是真实液位,即确保液位计上下与容器连通。

③ 通常油水界面和油的液位设定在液位计的 3/4 处。

（3）孔板选择的原则。

① 能保证压差在满量程的 20%～80% 的孔板为合格孔板。

② 选择合适孔板的过程中,孔板尺寸由大到小。

③ 孔板的方向为带喇叭口一面冲下游。

④ 孔板夹的方向是带唇型密封一面位于孔板下。

第8章　高温高压气井测试安全和应急

8.1　高温高压测试系统安全分析

在高温高压井测试作业过程中,受测试工艺操作参数、井下流体状态的变化以及测试管柱和井筒完整性改变等因素的影响,系统安全状态具有很强的时效性,建立与之相适应的动态安全分析评价体系,提出恰当的事故预防控制措施,对于确保完井测试安全具有十分重要的意义。而现有的安全评价方法主要面向流体状态相对稳定、结构完整性缓慢变化的静态系统,难以满足高温高压井测试过程安全评价时效性的要求。

8.1.1　高温高压井测试安全控制系统模型研究

近年来,国外在系统安全工程理论研究方面,针对安全事故诱因涉及的整个社会-技术系统,基于系统控制理论,提出了以层次化控制结构、安全约束和安全监测与反馈控制循环为核心的系统安全控制模型,为全方位预防和控制安全事故提供了统一的分析方法,采用过程监控与反馈控制循环集中体现了动态控制系统安全状态的思想。该系统层次化控制结构将国家安全法律体系,政府管理部门和行业协会的安全标准、规程,企业的安全政策、安全标准与资源,企业项目管理与系统的设计、制造和运行过程纳入一个自上而下的层次化体系,突出上层安全约束对下层安全管理的影响和下一层次的事故报告、风险评价以及系统安全维护状况对完善上层法律、法规、标准和安全规程的作用,强调了不同层次之间信息交流的重要性。

8.1.1.1　层次化控制结构

结合国内高温高压井测试现状与国外相关的系统安全控制理论,本书提出了测试安全控制系统模型,对测试系统的安全保障体系进行了层次化控制结构划分,每一层次在设计之初,就引入了相关的安全约束,以体现设计过程对保障测试安全的关键性作用。具体的控制模型框图如图 8-1 所示。

高温高压井测试过程是一个从工程设计、系统开发(测试通道及其支撑系统的构建过程)到系统实施(诱喷测试)的完整过程,这三个环节的安全控制均受到其上一层企业安全政策及安全标准的影响,企业的安全生产行为则必须服从更上一层的国家安全法律法规。

如图 8-1 所示,测试安全控制模型主要包括测试设计和测试作业(包括实际测试通道的建立和诱喷测试两个阶段)两个过程,其中每一过程又可以自上而下分为若干个层次。下层在受到上层条件相关约束的同时,也通过信息反馈机制不断完善上层结构的设计、管理以及

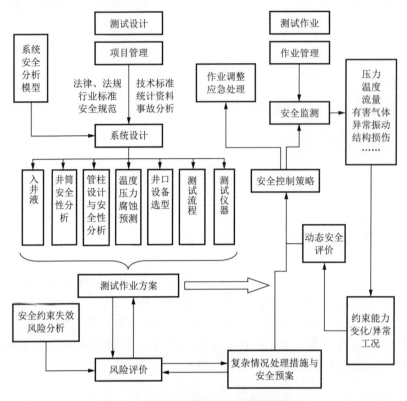

图 8-1 高温高压测试流程控制模型框图

相关安全约束的制定。安全控制模型从测试设计部分入手,首先确定测试项目的管理目标。在进行系统设计的过程中,需要参照相关的国家法律、地方法规、行业标准、企业安全规范、社会组织文化、相关技术标准、事故统计资料等,在系统设计过程即引入社会、技术两方面的安全约束,以确保设计系统更加完善。

测试系统设计所涵盖的主要内容有:测试工艺过程的总体设计、温度/压力预测、入(完)井液体系、测试井筒安全性分析、测试管柱设计与安全性分析、射孔方法确定、井口设备选型、地面测试流程设计、工作制度选择、监控系统设计和测试仪器的选择等。系统中所包含的内容可以被看作是结构控制过程的一个技术层次,在对它们进行设计时,需参照相关标准,结合高温高压井的详细资料来确定各项内容的不同参数,确保其在测试或整个服役过程中能够可靠地实现安全约束的功能。进而综合高温高压井测试过程的各种因素,制定出测试作业方案,分析方案中不同安全约束及其失效形式,在此基础之上,得出测试方案风险评价结果。通过反馈系统不断完善测试作业方案,指导作业管理部分。测试作业过程首先需要确定作业管理方案,在作业过程中,通过对压力、温度、流量、有害气体、机械振动、结构损伤等因素的安全监测来识别安全约束的异常情况和失效形式。将监测信息反馈至安全控制策略环节,不断调整作业流程和规范,完善测试作业管理。

整个高温高压井测试系统进行了层次化结构划分,每一层次既受控于上层,也指导下一层作业的计划与实施,同时不同层次之间又通过反馈系统交换信息,确保不同结构、不同层次之间处于同一个完整的系统之中。层次化控制结构的划分也有利于在系统设计之初,对每一层添加相应的安全约束,确保系统在运行过程中具有更高的可靠性与稳定性。

8.1.1.2　安全约束

在海洋石油高温高压井测试过程中,安全约束对确保测试作业的安全实施,控制和防止事故隐患的出现以及已发事故态势的扩大起到至关重要的作用。

首先,在进行测试方案设计时,需要参考国家法律法规以及各方面标准,从最初约束设计的安全性能,对地层资料搜集的准确性,也客观制约着测试设计的安全性能。

其次,在实际测试过程中,入井液、安全阀、井口设备以及 ESD 系统均可以被看作是安全约束。比如射孔作业中,当射孔液无法平衡地层压力时,即第一层安全约束失效时,第二层安全约束安全阀便相应地发挥自身作用,防止地层流体继续上涌;当第二层安全约束失效时,第三层安全约束便发挥作用,实施井控压井作业,防止井喷失控;当事态进一步扩散、严重化,便需启动第四层安全约束,关闭 ESD 系统,确保平台设备和人员安全,降低财产损失和人员伤亡。

对测试过程地层流体安全约束体系的分析和约束失效分析,能够对事故发生的根源做出完整的描述,安全约束分析提供了一套新的事故分析思路。广义的安全约束主要涵盖两方面的内容:一方面是系统建立和运行所依据的相关国家法律、地方法规、行业标准、企业文化和操作规范等,可以简单地称之为"软约束";另一方面是系统设计过程中形成的一些技术、装备与工艺方法方面的安全保障因素,对应地可以称之为"硬约束"。

软约束主要包括:

(1)国家法律法规、地方法规和企业管理规范。

(2)石油工业主要技术标准。

(3)相关资料。保证安全控制模型发挥应有的作用,准确实现安全约束的功能。在对系统进行设计、管理前,需确保所搜集资料的完整性,除相关国家规定外,还需要搜集高温高压地区的地质信息、测试设备信息、测试人员信息、测试方案、测试工艺、管理文件和 HSE 体系等资料,具体内容应包含:

① 地质构造资料。

该地区地质结构情况,油气层存在于哪个结构层内,临近井的勘探、开发资料,以及测试井所要测试层岩性资料、钻录井资料、测井资料等。

② 压力系统资料。

不同结构层的地层压力预测情况,以及该地区其他井勘探、开采过程中的压力资料,其他井所用完井液密度、黏度等资料。

③ 人文、水文资料。

井场所处自然环境,不同季节气候条件对于高温高压测试的影响情况,该地区社会、人文、文化情况。

④ 设备资料。

地层测试又称钻杆测试,一般用钻具或油管将地层测试器下入测试层段,进行不稳定试井,测得产层的产量、温度、开井流动时间、关井测压时间,取得流动流体样品和井底压力-时间关系曲线卡片,对测得的数据和其他资料进行分析,计算得到渗透率、地层损害程度、油藏压力、测试半径、边界显示等数据。

测试过程中所用到的设备,其资料需搜集完整,包括各层套管的材质、程序,钻杆材质、尺寸,封隔器、压力记录仪、筛管和测试阀资料,井筒资料,井口设备压力等级、材质等所有测试过程中所涉及设备的详细资料。

⑤ 企业管理资料。

人的失误是导致事故发生的一项重要因素,企业对员工的管理和培训情况对于提高员工的安全意识具有十分重要的作用。对测试系统进行安全分析之前,需搜集企业安全文化、管理、人员安全素质等各方面的因素。

(4) 事故资料。

国内外同类井在勘探、开发、测试阶段所发生的事故,对于分析高温高压井测试阶段的安全性也具有重要的指导作用。对于事故资料的完整性统计主要包括以下几个方面:

① 事故基本资料。

事故发生的时间、地点,事故井的地质构造、压力系统、设备性能、管理方案等基本资料。

② 事故分析资料。

事故发生过程的详细记录资料,设备故障类型和人为操作失误资料,不分主次,所有导致事故发生的因素,事故所带来的经济损失、人员伤亡、社会影响等后果严重度资料以及事故处理方案。

③ 事故系统化资料。

导致事故发生的工程系统设计、作业流程管理、社会背景、技术规范等安全约束资料。

除影响高温高压井测试系统的"软约束"外,工程设计与作业管理过程所涉及的技术参数与设备完整性等"硬约束"也会对系统安全性产生重要影响,且这部分安全约束是安全分析的重要内容,可操作性也更强。具体对于测试阶段来说,主要的"硬约束"有:

(1) 测试液体系。

测试过程使用的压井液等对控制合适的压差、确保地层流体的可靠受控、防止井喷事故以及其他安全约束的失效有着非常重要的影响。

(2) 套管。

高温高压井测试阶段,套管一旦出现损坏,将导致对油气田产量预测的不准确性,并由此导致入井液的泄漏,对油层产生损害,导致套管的安全约束功能失效。

(3) 测试管柱。

钻杆在测试阶段的作用是将压力记录仪、筛管、封隔器和测试阀下入测试层段,使封隔器膨胀坐封于测试层上部,将测试层段与其他层段、钻井液隔开,然后由地面控制,将井底测试阀打开,测试层的流体经筛管和测试阀流入钻杆内,直至地面。

一旦钻杆由于腐蚀等原因,其物理状态与功能的完整性受到损害,便会失去安全约束的作用,给测试过程带来事故隐患。

(4) 压力系统。

高温高压井测试安全控制的核心是保证地层流体在整个测试通道中的流动得到可靠的约束控制,而地层压力的准确预测是保证地层流体处于受控状态的重要一环。地层压力预测不准,便会导致入井液的配制缺少可靠依据,不能平衡地层压力,失去安全约束功能,给测试作业带来井喷、井漏等事故隐患。

(5) 井口设备。

井口设备是控制地层流体无约束流动的最后一道安全约束,一旦流体在井下失去约束,可以通过防喷器及时关井,同时打开管汇来实现压井作业,防止井喷等事故失控。

(6) 测试仪器。

测试仪器的主要功能是测得产层的产量、温度、开井流动时间、关井测压时间,取得流动流体样品和井底压力-时间关系曲线卡片,对测得的数据和其他资料进行分析,计算得到渗透率、地层损害程度、油藏压力、测试半径、边界显示等数据,一旦其出现失效,将会导致测试工程的失败,无法获得预期目标。

对于高温高压井而言,地层流体的高温、高压、含砂以及在不同温度压力条件下的相态变化,均可能对约束它的设备及设施造成破坏,一旦失控发生泄漏,就可能引发燃烧、爆炸或导致人员中毒、伤亡和恶劣的环境污染事故。

8.1.1.3 安全监测与反馈控制循环

安全监测与反馈控制循环集中反映了系统安全控制的动态特征,这种控制循环包括两个方面的意义。

(1) 安全监测-自动控制循环。如前所述,高温高压井测试过程存在显著的时变不确定性,工程设计过程往往很难对测试过程可能出现的问题做出全面完善的估计,也不可能确保不发生任何意外。

在此情况下,对测试过程的安全状态监测就具有了特别重要的意义,相关的参数如流量、压力、振动状态等指标的监测,安全状态评价,事故诊断以及依据诊断结果对控制措施的启动集中体现了这一循环过程,动态监测系统的建立,有助于实时发现测试过程中出现的危险事件,及时向上层反馈,有助于及时消除事故隐患,开展抢险救援工作。

(2) 作业监控-反馈控制循环。作业监控-反馈控制循环包含了测试作业环节对操作人员行为的监控以及依据监控结果所做出的改进措施,同时也包含了测试作业过程对井下复杂情况的监视、诊断和依据诊断结果做出的测试工艺调整措施的整个循环过程,可以方便操作人员实时了解各方面的信息,及时调整自己的作业方法,确保可以准确、完好地完成作业任务,有效杜绝事故隐患的出现,保障测试设备、测试人员安全,并最终保障测试作业顺利进行。

在安全控制循环中,动态安全评价的意义在于:依据安全监测结果,评价系统所处的安全状态,分析诊断有关安全约束失效状况,预测可能导致的事故性质,提出安全控制策略,确定相应的工艺调整方案、防范措施或应急措施等。

8.1.2 HAZOP 分析在高温高压井测试过程中的安全分析应用

HAZOP 分析是国际上流行的、系统的风险辨识方法,高温高压测试过程中引入HAZOP 分析方法的目的主要是:识别出测试工艺中存在的潜在危险,包括设计缺陷、设备缺陷及其造成的影响;识别潜在的操作问题和辨别操作混乱的原因,并对生产偏差可能导致的不确定产物的原因进行辨识;在 HAZOP 分析的基础上,依据科学的风险矩阵,给出不同单元的风险等级,并提出控制、降低风险以及改善系统可操作性的措施,进而防止事故的发生或降低事故可能带来的后果。

8.1.2.1 HAZOP 分析简介

HAZOP 分析作为一种高度专业化的安全评价技术,其含义为:危险性及可操作性分析。其由多人组成的相关领域的专家小组完成。进行 HAZOP 研究时,应全面、系统地审查工艺过程,不放过任何可能偏离设计意图的情况,分析其产生原因及后果,以便有的放矢采取控制措施。

HAZOP分析由英国帝国化学公司于20世纪60年代开发,经过不断改善和发展,该方法已成为石油化工安全分析的重要评价技术。

英国、加拿大、美国等国家甚至已通过立法手段强制其在工程建设项目中推广应用。我国安全监管部门也在准备出台相关政策推进HAZOP分析技术在我国的应用和发展。

国外大型油气公司也在加大HAZOP研究,并应用到现场实践中。特别是斯伦贝谢、哈里伯顿等石油公司在高温高压测试工具设计的安全分析中已普遍采用HAZOP分析方法。在国内,某石化公司改扩建工程项目组对炼油项目及公用工程项目进行了HAZOP分析,在对172张管道及仪表流程图(P&ID)详细分析后,得出有实际指导价值的建议总数达943条。这么多的建议是其他任何一种风险分析方法无法比拟的。

根据高温高压测试特点及国际推荐的常用安全评价技术的应用特点,在高温高压测试安全评价中可以选择的安全评价方法及其特点见表8-1。

表8-1 不同安全评价方法及其特点

HAZOP	检查表	FMEA	FTA	ETA	如果…怎么样
揭示系统性危险,得到原因和后果的内在关系及防止该后果发生的措施	普查危险原因和后果在哪些部位	对系统各组成部件、元件进行分析,找到可能发生的不同类型的故障	分析一个后果的所有可能的原因	一个初始事件引起一系列后果	假设一个条件,检查系统会发生什么后果

高温高压井测试作业属于典型的高风险作业。就国内的测试技术现状而言,测试设计理论及方法不完善,测试工具和设备难以满足高温高压井复杂的工况条件,地面监控体系不完善,测试作业过程安全管理经验不足。这就给安全评价方法提出了较高的要求:(1)详细、系统的数据和资料;(2)针对莺琼盆地特点进行资料收集及针对性评价;(3)由于经验不足,需要合理推理,以及创造性地提出可能出现的危险。根据以上条件对选择的安全评价方法进行评比,见表8-2。

表8-2 不同安全评价方法对比

评价方法/特点	HAZOP	检查表	FMEA	FTA	ETA	如果…怎么样
系统性	强	强	强	一般	一般	一般
针对性	强	强	一般	一般	一般	一般
推理	双向	无	单向	归纳	演绎	单向
合理性	好	较差	一般	一般	一般	一般
创造性	强	一般	一般	一般	一般	一般

由表8-2可知,HAZOP分析方法满足高温高压测试过程安全评价的要求,具有其他方法不具备的优势。

8.1.2.2 HAZOP分析的特点

HAZOP分析应用在高温高压测试过程中其主要优点是能够较完备地发现系统中潜在

的系统性危险,提出的安全措施有利于从事故源头切断危险的生成或减少危险扩散的可能性。其优点还表现在:

(1)系统性。HAZOP 分析需要详尽的系统资料,同时也分析出更多系统设计中的风险和错误信息。而检查表、如果⋯怎么样只需要较少的信息就可以使用,但得到的评价结果相对粗略。事故树、事件树方法只能按照事故的发展进行推理,

(2)针对性。HAZOP 分析全面、系统地审查工艺过程,不放过任何可能偏离设计意图的情况,针对性强。

(3)双向推理模式。HAZOP 技术既可由原因推出可能发生的结果,也能够由结果找出其中的原因。

(4)创造性。HAZOP 技术由多名各领域的专家组成小组对详细资料进行分析讨论,通过头脑风暴法,可以得到真实的、尽可能多的系统风险及错误信息。

8.1.2.3　HAZOP 分析应用成果

在实际 HAZOP 分析过程中,按如下流程进行了研究:

(1)研究目的、对象和范围。进行 HAZOP 研究时,对所研究的对象要有明确的目标。其目的是查找危险源,保证系统安全运行,或审查现行的指令、规程是否完善等,防止操作失误,同时要明确研究对象的边界、研究的深入程度等。

(2)建立研究小组。开展 HAZOP 研究的小组成员一般有 5～7 人,包括有关各领域专家、对象系统的设计者等,以便发挥和利用集体的智慧和经验。

(3)资料收集。HAZOP 研究资料包括各种设计图纸、流程图、工厂平面图、等比例图和装配图,以及操作指令、设备控制顺序图、逻辑图或计算机程序,有时还需要工厂或设备的操作规程和说明书等。

(4)制订研究计划。在广泛收集资料的基础上,组织者要制订研究计划。在对每个生产工艺部分或操作步骤进行分析时,要计划好所花费的时间和研究内容。

(5)审查。对生产工艺的每个部分或每个操作步骤进行审查时,应采取多种形式引导和启发各位专家,对可能发现的偏离及其原因、后果和应采取的措施充分发表意见。

(6)辅助程序设计。无论是在 HAZOP 分析前还是在之后,开发编制相应的辅助软件,可以减轻 HAZOP 分析工作,节约大量时间及更加有层次地进行分析。

其中标准的 HAZOP 方法将对每个相关的参数运用引导词,并对所有的子系统(或选择的部分系统)逐一识别可能的偏差,并分析偏差可能造成的后果。分析每个子系统前,必须先对设计的意图达成共识。表 8-3 中列出了常用的引导词与相应的定义。

表 8-3　引导词与定义

参　数	引导词	定　义
密封性	差	设备密封性不好
紧密性	不　足	设备连接不牢
强　度	小	设备出现裂纹等现象
速　度	快	设备移动速度过快
密　度	小	测试液密度偏小
压　力	高	地层或井口压力偏大

参　数	引导词	定　　义
功　率	小	设备工作功率偏小
硬　度	小	设备变形
环　境	异　常	测试作业可能带来的环境问题
H_2S	高	地层或地面 H_2S 含量偏高

针对国家有关事故后果等级的划分,以及莺歌海作业的一些特殊情况,此处结合中海油相关资料,制定了适合高温高压井测试 HAZOP 分析的风险矩阵(分析流程见图 8-2),该矩阵把风险划为 4 个等级,即低、中低、中高、高,具体见表 8-4。

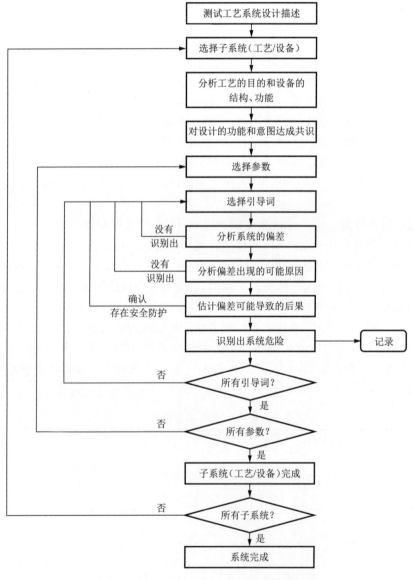

图 8-2　高温高压测试 HAZOP 分析流程图

表 8-4 高温高压井测试 HAZOP 分析风险矩阵

影响范围			后果严重程度及等级				
人员伤亡			无伤亡	人员受轻伤	人员受重伤	死亡1~2人	死亡3人以上
环境污染			无污染	轻微污染	局部污染	严重污染	恶劣污染海域
公司名誉			无影响	轻微影响	局部影响	国家影响	世界性影响
财产损失			无损失	10万元以下	10~50万元	50~100万元	100万元以上
发生概 S 率	概率描述	概率等级	1	2	3	4	5
	从未发生	1	低	低	低	低	中低
	曾经发生	2	低	低	中低	中低	中高
	偶尔发生	3	低	中低	中低	中高	中高
	经常发生	4	低	中低	中高	中高	高
	频繁发生	5	中低	中高	中高	高	高

　　依据选定的节点,此处对相应单元的重要设备和其他因素进行了 HAZOP 分析。HAZOP 分析结果中,包括测试工艺中所涉及的不同设备的风险类型以及风险产生的原因、可能导致的后果和应急措施等,具体分析的结果见表 8-5。

表 8-5 高温高压测试井 HAZOP 分析表

分析节点	测试液						
节点功能	保持测试压差,平衡地层压力,携带地层物质至井口,压井						
序号	设备	部件	偏差	原因	后果	风险等级	控制措施
1	测试液		沉淀	固相含量高,密度不均匀,耐高温性能差	堵塞循环通道,造成循环不通,无法操作工具,使作业失败,造成井下事故	中高	使用高孔目筛布,充分循环均匀,使用耐高温的成熟配方,调整性能满足设计要求
			结晶、分解	配方不合理,耐高温性能差	产物堵塞流道,造成井下或地面管汇堵塞,无法求产或进行压井等作业,或产生有毒气体伤害人员	中高	使用耐高温的成熟配方和体系,确保试验结果真实,做好探测等防护预防措施
			密度偏低	钻井液池窜通,配方不合理,人员操作失误	耽误作业时间,损失测试液,使井筒达不到经过校核的安全条件	高	作业前检查钻井液池阀门及隔离状况,倒好流程后复查,使用经过审查和成熟的配方
			腐蚀设备	试验不正确,高温腐蚀性强,缓蚀剂加量不足	工具失效,泄漏,井控系统瘫痪,造成井喷事故	中高	使用耐高温的成熟配方和体系,确保试验数据的准确性和有效性,严格按照配方配制测试液,检查确保用量正确

分析节点	测试液						
节点功能	保持测试压差,平衡地层压力,携带地层物质至井口,压井						
序 号	设 备	部 件	偏 差	原 因	后 果	风险等级	控制措施
1	测试液		人员伤害	测试液具有腐蚀性,没有正确佩戴劳保用品或对化学药品认识不清处理不当,未严格按照操作规程操作	人员承受痛苦,失去作业能力,同时影响作业正常进行	中 高	提高安全意识,按照化学品的安全技术说明书正确穿戴个人防护用品,严格执行操作规程

分析节点	射孔器材						
节点功能	打开地层和井筒通道						
序 号	设 备	部 件	偏 差	原 因	后 果	风险等级	控制措施
2	射孔器材	射孔枪	承压能力不够	射孔枪选择不当;地层压力预测偏低	无法完成射孔作业	中 高	提高地层压力预测准确度;准确选择射孔枪
			发射率低	导爆索存在连接、操作或质量问题,器材耐高温高压性能不足	测试结果不准,返工	中 低	严格选用满足设计要求的射孔器材及工具,严格按照安全规程操作
			误射层位	校深错误,装枪设计和装配错误,管柱丈量错误,少下或多下工具,下枪顺序颠倒,放射性标记位置错误	测试结果错误,返工	中 高	作业前校核校深工具,多人多专业反复审查,落实入井每一件工具的长度和顺序
			卡 枪	套管变形,射孔枪变形,工具变形,井下落物,出砂严重	卡钻,井下事故,井下资料丢失	中 低	严格按照标准进行刮管等作业,严格进行器材选型和采购,做好井口保护严防落物,做好出砂监测
			炸 枪	导爆索存在连接、操作或质量问题,器材耐高温高压性能不足,O形圈密封失效部分进水	作业失败,井下事故	中 高	严格执行装枪操作规程,选用满足设计要求的射孔枪和密封圈
			断 脱	射孔枪或工具强度不够,扭矩不够,减震设计不当	作业失败,井下事故	中 低	严格选用满足设计要求的射孔器材及工具,严格设计审查,操作时上够扭矩

续表 8-5

分析节点	射孔器材						
节点功能	打开地层和井筒通道						
序 号	设 备	部 件	偏 差	原 因	后 果	风险等级	控制措施
2	射孔器材	射孔弹	耐温能力不足	选择不当	无法完成射孔作业	中 低	选择合适的射孔弹
			射孔深度偏深或孔径偏大	地层压力预测不准,导致测试压差估测不准;地层结构预测不准	地层流体进入井筒速度和流量过大,引起出砂和地层坍塌,挤毁井筒,冲蚀测试管柱、节流阀和平板阀,堵塞地面管汇系统	中 高	提高地层压力预测准确度,确定合理的测试压差;做好压井准备
		点火头	点火时间过早	人员操作失误	射孔枪在地面爆炸,导致人员伤亡	中 高	操作人员需接受射孔和安全培训,射孔器材安装过程中应配有监督人员
			点火失败	点火头存在质量或装配问题,销钉数量装多,器材高温性能不一致,测试阀没打开,点火头上杂物过多,点火操作压力不够,密封失效进水	作业失败,返工	中 低	核查确保销钉数量及装入方式满足标准要求,选用满足设计要求的射孔器材,确保管柱内清洁,提高压力操作,再次开测试阀和点火
		减震器	耐压能力不够	耐压过小,无法达到 60 MPa	无法满足减震要求,导致射孔位置偏移	中 低	测试设计时,严格选取合格的减震器

分析节点	封隔器						
节点功能	封隔地层,隔离产层与上部环空,为连接产层到测试管柱提供密闭空间						
序 号	设 备	部 件	偏 差	原 因	后 果	风险等级	控制措施
3	封隔器	外胶筒	密封性不够	外部胶筒难以适应高温环境;承压能力不足;外部胶筒受到磨损或腐蚀,完整性遭到破坏	无法正常进行坐封,导致测试层流体通过空隙进入上部环空和其他地层,可能造成流体失控,引发井喷;无法正常估计该测试层流体的产量及其他各项参数,影响产能评估	高	测试设计时,综合考虑多种因素,选择耐高温高压永久式封隔器

分析节点	封隔器						
节点功能	封隔地层,隔离产层与上部环空,为连接产层到测试管柱提供密闭空间						
序 号	设 备	部 件	偏 差	原 因	后 果	风险等级	控制措施
3	封隔器	内胶筒	密封性不够	胶筒材料无法适应高温高压条件;胶筒受到地层腐蚀物及测试液内溴化物等物质侵蚀	无法正常进行坐封,导致测试层流体通过空隙进入上部环空和其他地层,可能造成流体失控,引发井喷;无法正常估计该测试层流体的产量及其他各项参数,影响产能评估	高	选择合适的封隔器
		坐封位置	异 常	人员操作失误;测试之前,未进行相关通井和刮井作业,导致封隔器下入困难,坐封位置异常;测试管柱发生拉伸,使得封隔器无法坐封到正确位置	无法把测试层和其他层位隔开,测试流体容易进入其他地层,污染地层,并影响产能预测	中 高	准确预测待测层位的位置,并在测试前进行相关的通井和刮井作业;操作人员在下封隔器之前,需进行相关培训;下封隔器时,操作人员要不断旋转管柱和调整封隔器位置,确保安全、准确、稳妥坐封
		解封	无法进行	萝卜头顶丝未松开;封隔器内外压差过大,无法解封	无法完成解封作业	中 低	控制好测试压差
		密封总成	超出密封筒加长管	油管的伸缩计算不够准确;加长管偏短		低	提高油管伸缩节计算精度
分析节点	井下测试阀						
节点功能	开井、关井						
序 号	设 备	部 件	偏 差	原 因	后 果	风险等级	控制措施
4	测试阀		密封性不够	阀门受到腐蚀性流体侵蚀,导致流体泄漏;密封件达不到温度要求;螺纹连接密封失效	无法完成关井测压任务,导致地层流体喷出,冲蚀地面管汇,并造成井喷,影响产能评估	高	测试设计时,选择耐高温高压测试阀
			无法打开	测试液性能达不到要求;地层出砂,阻塞阀门;油管内壁有杂质,或遭到腐蚀	无法进行开井放喷作业,影响产能评估	中 高	测试设计时,确定好测试液性能

分析节点	井下测试阀						
节点功能	开井、关井						
序 号	设 备	部 件	偏 差	原 因	后 果	风险等级	控制措施
4	测试阀		无法关闭	控制系统出现故障;阀门腐蚀损坏	无法测流体压力及其他各项参数;地层流体喷射,造成井喷	中 高	
			关闭异常	环空压力不稳定或控制不当		中 低	准确预测环空压力

分析节点	压井循环阀						
节点功能	井下关井,阻断油管内流体						
序 号	设 备	部 件	偏 差	原 因	后 果	风险等级	控制措施
5	循环阀		密封性不够	测试液性能达不到要求;地层出砂,阻塞阀门;阀门遭地层流体或测试液溴化物侵蚀而损坏,无法阻断流体;地层出砂,冲蚀或阻塞阀门;循环阀难耐高温高压环境	油管内高压流体进入环空,不利于压井作业,引起井喷	中 低	井下需有备用循环阀;测试设计时,需选用温度和压力承受能力高的阀门;防止地层出砂,测试段油管外需有筛管

分析节点	试压阀						
节点功能	对测试管柱进行试压						
序 号	设 备	部 件	偏 差	原 因	后 果	风险等级	控制措施
6	试压阀		密封性不足	阀门内外径规格不对;额定拉伸强度无法适应试压标准;工作压力偏低	无法达到试压密封要求,导致试压失败	中 高	测试设计时,准确预测测试管柱对于气密性的要求,选择合适的试压阀对管柱进行试压
			试压压力过高	人员操作失误	连接处泄漏造成能量释放伤人	中 低	试压时除专业工作人员外,确认检查过程中注意保护;其他人员远离试压区

分析节点	压力与温度计、PVT 取样器						
节点功能	测定地层流体温度和压力						
序 号	设 备	部 件	偏 差	原 因	后 果	风险等级	控制措施
7	压力与温度计		记录数据异常	压力和温度计量程偏小,无法记录高温和高压	无法正确记录地层流体参数,影响产能评估	中 低	压力计和温度计的选择必须具有量程大、精度高和耐高温高压的特点

分析节点	压力与温度计、PVT 取样器						
节点功能	测定地层流体温度和压力						
序 号	设 备	部 件	偏 差	原 因	后 果	风险等级	控制措施
8	PVT 取样器		数据异常	取样器工作压力温度不够	无法正确记录地层流体参数,影响产能评估	中 低	
			脱 落	钢丝断裂,作业失败	取样器掉入井内,导致卡钻	中 低	

分析节点	测试管柱						
节点功能	悬挂测试仪器,完成测试作业						
序 号	设 备	部 件	偏 差	原 因	后 果	风险等级	控制措施
9	测试管柱		密封性不足	油管丝扣连接失败,导致管内流体泄漏;油管出现裂纹,或其他腐蚀情况;油管出现刺穿	管内流体进入环空,污染非测试地层,并引起井下井喷;管内流体进入环空,喷射到平台,导致井喷	中 高	测试管柱需连接紧密,不得出现丝扣松懈、损坏现象
			强度不够	油管内外压差过大,造成管体挤压损坏;油管未进行严格试压,承压能力不够;管体受到地层挤压,造成弯曲,卡钻甚至脱落;管体受到应力冲蚀或腐蚀	油管断裂、脱落,造成卡钻;管内流体进入环空,污染非测试地层,造成地下井喷;管内流体进入环空,喷射到平台,导致井喷	中 高	测试设计时,需选择材质能耐高温高压的油管,并进行严格试压;测试设计时,确定合适的测试压差,防止油管受损
			连接异常	错扣造成丝扣损坏;强行上扣造成油管损坏;上扣扭矩过大造成油管本体损坏	无法正常连接测试油管,导致测试无法进行;测试管柱在井下脱落,造成卡钻;扣合油管钳过程中夹手和伤害腰部;大钳摆动伤人	中 低	检查管柱丝扣状况;均匀涂抹丝扣油;对扣注意轻放;上扣注意确认;适当放松吊卡;掌握上扣力度;发现本体有损坏进行处理;上扣过程中人员注意检查油管钳的状态
			管柱下放错误	井口偏移造成管柱接箍挂碰防喷器组;井口吊运油管单根碰撞游动系统;使用单根吊卡、手动卡盘操作失误	压弯管柱或管柱坠落事故;造成压弯油管单根和伤害事故;造成下放压弯管柱事故	中 低	下放管柱过程中如出现挂碰现象及时调整井口;控制管柱下放速度;井口吊运油管单根注意井口作业避免在游车下放过程中吊油管至鼠洞;使用单根吊卡、吊卡、手动卡盘过程中严格确认吊卡扣合,上起管柱确认卡盘完全打开后下放管柱

分析节点	水下测试树						
节点功能	控制管柱压力并提供一个安全系统,在遇到紧急情况发生时,可以快速安全地从井筒中脱开,然后关闭盲板						
序　号	设　备	部　件	偏　差	原　因	后　果	风险等级	控制措施
10	水下测试树		回接不上	脱开管线承压能力不足,无法承受3 500 psi以上压力;盲板损坏,或人员操作失误,导致打不开;管柱下放位置不当;球阀打开管线承压能力不足,密封面密封效果不好;脱开总成上的固定块与阀体未锁紧;管柱压力未完全泄掉;协助管线承压能力不够;软管泄漏,或承压能力不足	水下测试树无法成功回接	中　高	测试准备阶段,对相关球阀和管线进行严格的试压
			解脱不开	脱开管线承压能力不足,无法加压至解脱压力;脱开活塞损坏,密封性不够,导致压力达不到脱开压力	解脱失败,总成无法到达阀体,锁块无法啮合好,活塞未到位;密封性受到影响,导致泄漏	中　高	测试准备期间,对脱开管线进行严格试压,确保能承受脱开压力;如脱开不到位或无法脱开,应及时加压,至解脱到位
			密封性不足	丝扣和密封圈腐蚀损坏;未对测试树进行严格试压	无法进行井控作业,导致流体泄漏	中　低	对测试树进行严格试压
分析节点	球阀						
节点功能							
序　号	设　备	部　件	偏　差	原　因	后　果	风险等级	控制措施
11	球　阀		打不开	液压控制线无法正常加压;人员操作失误;阀门腐蚀损坏	无法进行正常的测试过程、井控作业,导致井喷	中　低	确保液压管线能及时加压,并能承受足够的压力
			关不上	液压管线无法正常泄压;人员操作失误		低	加强操作人员培训

分析节点	防喷阀						
节点功能	防止地层流体喷出						
序号	设备	部件	偏差	原因	后果	风险等级	控制措施
12	防喷阀	钢丝	强度不够	钢丝断裂,作业失败;钢丝受腐蚀损坏;人员操作失误	卡钻;人员受到伤害	中低	对钢丝进行检查,杜绝钢丝有损坏现象;操作现场加强人员监督
		球阀	密封性不足	球阀腐蚀;承压能力不够;未进行严格试压	无法完成防喷任务,导致流体喷射,造成人员伤亡	中高	及时更换损坏的球阀;对球阀进行检测和试压
		液压管线	密封性不足	承压能力不足;腐蚀、刺穿;未试压	高压流体喷射,对人员造成伤害	中低	对液压管线进行严格的试压
		软管	强度不足	挠性不够、腐蚀、刺穿;未试压	高压流体喷射,造成人员伤害	中高	对软管进行严格的试压
分析节点	筛管						
节点功能	过滤地层出砂,保护油管、阀门和管线						
序号	设备	部件	偏差	原因	后果	风险等级	控制措施
13	筛管		强度不够	材质不合格,无法防止高压携砂流体冲蚀;筛管过滤能力不够;腐蚀	高温高压携砂流体冲蚀油管,阻塞阀门和管线;流体进入环空,导致井喷	高	测试设计时,选择合适的筛管,要求材质能耐高温高压流体冲蚀
			连接错误	下放管柱过猛压坏丝扣;人员操作失误	人员手部伤害;扣合过程中夹手和伤害腰部;强行上扣造成套管错扣损坏;大钳摆动伤人	中高	不要把手放在套管的公母扣上及钳子上扣的部位;操作时不要站在液压大钳后面,利用手柄去推或拉液压大钳;司钻下放对口时不能太快;套管钳人员与扶正人员配合好
			位置错误	操作人员失误	无法完成保护管柱任务,导致地层出砂损坏管柱,阻塞测试阀以及地面管汇	中高	下放测试管柱时,司钻以及安全监督做好人员监督工作

分析节点	安全循环阀						
节点功能							
序　号	设　备	部　件	偏　差	原　因	后　果	风险等级	控制措施
14	循环阀		密封性不足	密封件损坏;高温高压流体冲蚀;由于地层出砂,导致阀门阻塞;阀门遭腐蚀损坏	无法继续进行循环压井,测试液喷射,污染地层,并可能带来人员伤亡	高	测试设计时,选择耐高温高压、腐蚀的安全循环阀;现场配备备用的安全循环阀
			打不开	控制开关损坏;人员操作失误;地层流体出砂,阻塞阀门,无法正常开启	无法进行循环压井,导致井喷	中　高	定期检查控制开关是否正常;加强操作人员培训
			关不上	操作人员失误;开关损坏	地层流体喷射,损坏设备	中　高	加强操作人员培训;定期检查控制开关

分析节点	桥塞						
节点功能	完成封堵任务						
序　号	设　备	部　件	偏　差	原　因	后　果	风险等级	控制措施
15	桥　塞		位置异常	桥塞未按标准试压;试压不合格	无法进行正常的封闭上返作业	中　低	用足够大的重量下压桥塞,确保其不发生位移;对桥塞进行严格试压
			强度不足	桥塞不合格	无法进行正常的封闭上返作业	中　低	测试设计时,充分考虑封闭上返情况的复杂性,设计出合理的桥塞

分析节点	旁通阀						
节点功能							
序　号	设　备	部　件	偏　差	原　因	后　果	风险等级	控制措施
16	旁通阀		密封性不足	由于地层出砂,造成阀门堵塞,无法正常打开;阀门遭到严重腐蚀而损坏	无法正常把管柱内流体释放,导致封隔器上下压差过大,无法解封;油管内流体无秩序流入环空,可能引起地层污染	中　高	测试设计时,选择耐高温高压、腐蚀的旁通阀,确保它能适应正常测试环境;合理控制测试压差,避免出现出砂现象
			打不开	控制开关损坏;人员操作失误;地层流体出砂,阻塞阀门,无法正常开启	无法进行循环压井,导致井喷	中　低	定期检查控制开关是否正常;加强操作人员培训
			关不上	操作人员失误;开关损坏	地层流体喷射,损坏设备	中　低	加强操作人员培训;定期检查控制开关

分析节点	封井器						
节点功能							
序 号	设 备	部 件	偏 差	原 因	后 果	风险等级	控制措施
17	封井器		密封性不足	封井器压力等级不够或未进行严格试压,造成地层流体泄漏	无法解封封隔器,进行封井作业,可能导致井喷,造成人员伤亡、环境污染和财产损失	低	测试设计时,选择耐高温高压的封井器,并进行严格的试压

分析节点	套管						
节点功能	保护测试管柱和地层						
序 号	设 备	部 件	偏 差	原 因	后 果	风险等级	控制措施
18	套 管		密封性不足	套管受到挤压,发生变形;磨损严重	高密度测试液泄漏,污染地层,并可能喷出地面,给设备和人员带来伤害	中 高	准确预测套管剩余强度;替换高密度测试液时,安装井口设备
			强度不足	套管耐内压外挤能力不足;材质不合格;弯曲损坏	无法正常保护地层和测试管柱,导致地层坍塌,油管受外挤损坏	中 低	测试设计时,加强套管强度校核,确保能适应高压环境

8.2 测试安全准则

8.2.1 合规性要求

(1)向当地主管机关申请测试作业许可,获批准后方进行测试作业。

(2)编写测试作业相应的"应急预案"和"溢油应急计划"并需获得审批。

(3)测试作业期间,配备的守护船消防设备符合《海洋石油安全管理细则》要求的消防等级1级。

(4)所有测试设备、吊索吊具等的第三方检验证书应在有效期内,并提供出厂测试和试压报告。

(5)设计须设计人和审批人分别签字,工程设计中应有安全要求。

(6)按《海洋石油安全管理细则》的要求划分测试作业危险区及危险源存放区,在醒目位置设立安全标志和警示,并留有符合规定的逃生通道。

(7)按规定配备劳动防护用品,硫化氢防护装备配置应符合《海洋石油安全管理细则》的要求。

(8)测试作业与其他作业联合(交叉)作业时,应制定相应的安全防护措施。

(9)医务人员备足相关药品和器械,随时救助受伤人员。

(10)如果发生事故或险情,执行该井的"应急预案"或"溢油应急计划"。

8.2.2 测试准备及作业期间的安全要求

（1）跟踪最新气象和海况预报，选择合适的时间窗口进行测试作业。

（2）测试前召开安全会，明确作业程序、风险及应急措施等重要事项。

（3）测试前组织现场进行全面安全检查，宜对井架等进行一次防落物检查。

（4）钻井装置应储备足够的压井液、加重及堵漏材料。

（5）作业前对测试设备、管汇、阀门等整体连接后进行试压和检查。

（6）射孔前检查消防设施、救生设施、急救器材、喷淋系统，落实人员岗位职责。

（7）测试前进行消防、防硫化氢、弃平台演习，射孔前进行井控演习。

（8）按照设计程序进行安全施工作业。

（9）井控措施应符合《海洋石油安全管理细则》《海上钻井作业井控规范》《海洋钻井手册》的要求。

（10）防火防爆应符合《海洋石油安全管理细则》的要求。

（11）用电安全应符合《海洋石油安全管理细则》的要求。

（12）火工器材的使用应符合《火工器材安全管理规定》和《海洋石油安全管理细则》的要求。

（13）放喷燃烧时根据风向变化及时转换燃烧臂，必要时调整平台艏向。

（14）视燃烧情况调整冷却措施，确保人员和设备安全。

（15）放喷燃烧时须防止原油落海。

（16）开井期间定期检测流程和环境中硫化氢的含量，按《海洋石油安全管理细则》《海洋钻井手册》的要求采取防护或撤离措施。

（17）测试期间严格执行工作许可证、倒班及交接班制度，工作许可包括但不限：火工作业、放射源作业、起吊作业、带压设备管线和电气设备作业、高空及舷外作业、涉及点火源的热工和其他工作、电气和转动机械作业、进入有限空间作业等。

8.2.3 服务商管理及人员要求

（1）服务商的选择：选择具有良好安全和环境管理绩效的服务商。

（2）桥接文件及体系文件执行要求：与关键服务商签订 HSE 管理的桥接文件，明确各方的 HSE 职责和义务，服务商的健康安全环保管理体系应遵循作业者的安全环保要求，按照桥接文件中的要求，明确在应急情况下共同执行应急程序。

（3）人员配置要求：人员配置应考虑测试作业的连续和复杂性，应配置足够的人员以满足作业需求。

（4）人员资质要求：

① 所有作业人员须持有有效的"五小证"。

② 所有人员须持有县级以上人民医院的健康证明。

③ 操作人员应取得具有资质的培训机构颁发的培训合格证书。

④ 特种作业人员须持有有效的特种工种证书。

⑤ 钻井和测试关键作业人员须持有有效的硫化氢防护、井控证书。

⑥ 作业人员持有的外籍证书，须经作业者认可。

8.2.4 危险品管理要求

危险物品控制原则:平台应保存有毒有害或危险物品的材料安全数据表(MSDS),做好有关物品清单、分类、限制和处理的记录,并通知到有关人员。

8.2.4.1 甲醇的使用及储存要求

(1)甲醇的性质:无色,吸湿性强,相对密度 0.8,剧毒,易燃,火焰无光呈淡蓝色。

(2)使用时宜加入染色剂以示区别。

(3)储存和运输应符合《储存罐一般规范》或等效标准。

(4)储存罐存放位置应符合《石油设施电气设备安装一级 0 类、1 类和 2 类区域划分的推荐方法》或等效标准。

(5)储存罐应存放在通风和布置有消防设施的区域。

(6)操作人员必须经过专门培训,严格遵守操作规程,使用时操作人员佩戴化学安全防护眼镜、防化学品手套,必要时佩戴自吸过滤式防毒面具。

(7)泄漏时,应用大量水冲洗,冲洗水放入废水处理系统处理。

(8)由于甲醇燃烧很难被看见,须在储存罐上撒盐以使火焰发光。

(9)失火时可用砂土、泡沫灭火器或惰性气体扑救。

8.2.4.2 乙二醇的使用及储存要求

(1)乙二醇的性质:无色,无臭,有甜味,黏稠液体。

(2)储存罐附近不允许或限制有潜在的火源和热源。

(3)储存罐应存放在通风和布置有消防设施的区域。

(4)操作人员必须经过专门培训,严格遵守操作规程,使用时操作人员佩戴化学安全防护眼镜,戴防化学品手套。

(5)泄漏时,应用大量水冲洗。

(6)失火时可用砂土、泡沫灭火器或惰性气体扑救。

8.2.4.3 火工器材管理要求

(1)应遵守国家和政府有关火工器材安全管理法律、法规和国家及行业安全技术标准。

(2)主要负责人应为火工器材安全管理第一责任人,对火工器材安全管理工作全面负责。

(3)应取得当地相关部门合法的相关证件。

(4)平台甲板上各系统要求。

① 主电源开关应能有效切断系统的所有电源。

② 安全开关应能有效切断系统与电缆之间的连接。

③ 引爆系统应有多级安全控制环节。

(5)火工器材使用要求。

① 作业人员到平台后,负责人应将作业通知单的内容通知测试总监,与测试总监、高级队长一起识别并纠正正在射孔和爆炸作业过程中可能造成事故的因素。

② 作业前应设置安全警戒线及醒目的安全警示标志,并应指定火工器材临时存放地点和装枪地点。

③ 涉爆人员应正确穿戴防静电劳保防护用品上岗。

④ 井口装枪作业期间应消除作业用电干扰,包括:关闭应急保护系统、检查井架有无漏电,如有漏电,应立即采取措施消除,作业期间严禁电弧焊等热工作业。

⑤ 装配和拆卸射孔枪、切割弹、爆炸筒等工具,应按操作规程进行。

⑥ 装配现场除作业人员外,应严禁其他人员进入,严禁明火。装配时,作业人员应站在射孔枪、切割弹、爆炸筒的安全方位。

⑦ 应按操作规程起下射孔枪、切割弹、爆炸筒。

⑧ 作业后剩余的火工器材应由专人负责全部回收。

8.2.5 作业平台要求

(1) 逃生通道及危险区域应在设备安装后重新标识。

(2) 测试使用的危险设备应尽量远离安全区域。

(3) 测试设备的摆放应满足甲板强度要求。

(4) 与作业平台公用系统相连接的测试系统(如与地面测试树相连的固井管线等),应安装单向阀进行隔离或使用独立的管线,以防止测试的烃类回流到平台公用系统内。

(5) 系统间发生泄漏时必须关闭界面间的隔离阀门,防止烃类回流到钻井装置公用系统,避免交叉污染。

(6) 作业平台消防系统。

① 应具有足够的固定式消防能力。

② 消防水能覆盖测试区。

③ 储存适量的盐(使潜在甲醇火可视),并配备能扑灭甲醇火的专用设备。

(7) 放空布置。需配备合适尺寸的排放管线和放空管线,并支撑、固定牢固。

(8) 应急关断关键点。

① 测试的关断系统应与作业平台的关断系统匹配及明确逻辑关系。

② 测试期间应急关断时,测试总监、司钻和测试工程师之间保持有效联系。

③ 作业平台应急解脱时,司钻和动力定位操作人员之间应保持有效联系。

(9) 火灾和气体探测。

① 测试前应对气体、火灾传感器进行检测确认。

② 作业平台需及时将报警信息反馈给测试总监、钻井总监。

③ 硫化氢气体传感器应考虑在以下等地点安装:喇叭口、计量罐、钻井液活动池、重浆池区域、振动筛、司钻房、生活区及其他硫化氢可能聚集的地方。

④ 应定期检测火灾和气体传感器。

(10) 其他安全系统。

作业平台安全系统、测试安全系统、紧急照明系统、公共广播/警报系统、应急通讯等应覆盖所有测试区域。

(11) 作业平台上关键设备的安全要求。

在作业平台上的关键设备有井控系统、提升系统、钻井液循环系统、动力驱动系统、旋转系统、传动系统、钻机底座和钻机辅助设备系统,对于这些系统在测试前应按相关要求进行维护保养、检查、试运转或试压等,确保这些系统处于可使用状态。

8.2.6 水下测试树系统要求

(1) 水下测试树的应急解脱时间必须满足隔水管应急解脱时间。

(2) 水下测试树不能解脱时,BOP 必须能够剪切水下测试树的剪切短节。

(3) 水下测试树的控制由测试服务公司专业岗位人员负责。

(4) 水下测试树和钻井防喷器这两个系统的解脱程序和操作控制,须由水下测试树工程师与防喷器水下工程师清晰地界定和充分沟通协调。

8.2.7 守护船要求

8.2.7.1 基本要求

(1) 测试作业期间,现场宜安排两艘守护船。

(2) 守护船应优先选择具备动力定位、艏(艉)侧推能力强的船只。

(3) 要求配备应急设备和器具,取得认证机构发放的认证级别,并经有关管理部门审核登记。

(4) 守护船应能提供后勤供应补给、守护/救助、消防等作业支持和应急服务。

(5) 测试期间若平台发生应急情况,守护船应全力以赴应急抢险。

(6) 能够储运和输送测试作业用的物料和器材,船舱及甲板的装载能力满足深水测试作业需求。

(7) 守护船在守护期间,未经允许不得擅自离开作业现场。

(8) 守护船若要离靠平台,必须事先通知作业监督,征得同意后方可离靠。

(9) 在靠平台过程中,守护船应由船长亲自操控,相关人员须现场指挥。

(10) 守护船靠好平台后,方可进行吊装作业,并与平台保持良好沟通。

(11) 守护船的到达、离开,所载货物类型与数量等需记录在平台日志中。

8.2.7.2 应急响应能力

除满足深水钻井的要求外,测试作业期间守护船还要满足以下要求:

(1) 守护船需具备对外消防系统:消防泵、泡沫、消防炮。

(2) 守护船宜具备溢油回收储存舱、消油剂喷洒臂。

(3) 测试作业前,守护船应与钻井平台联合进行溢油及消防演习,各应急岗位人员必须到位,确认消防系统正常。

8.2.7.3 溢油处理材料准备

守护船上应配备足够的溢油处理材料,包括但不限于吸油毛毡、消油剂等。

8.2.7.4 人员要求

(1) 人员配置应满足法规要求,且持有效证件。

(2) 船员应掌握溢油处理设备的使用。

8.2.8 废弃物处理要求

测试作业期间的生产作业废弃物按照国家废弃物管理规定进行处理,测试产出的原油按照国家环保要求进行处理,若作业在三级海域,可通过燃烧臂充分燃烧进行处理,防止油污落海。若产出含油污水等利用污油罐进行回收处理。

8.3　应急预案

8.3.1　油气井失控应急程序

8.3.1.1　主要责任划分

（1）井涌迹象发现者。

① 井涌迹象发现者应立即将井涌情况报告司钻及钻井总监。

② 根据实际情况在能力范围内采取适当的控制措施。

（2）测试总监。

① 对现场全体人员的生命安全、井下和设备的安全负全责，在井喷应急处理过程中担任现场应急小组组长职务。

② 按井控手册和该井的实际情况处理井涌。

③ 当有迹象表明井口压力可能超过井控设备的额定工作压力时，测试总监应立即向应急指挥中心值班室报告。

④ 全面负责现场应急指挥工作，组织研究处理措施，确保处理的全过程符合井控手册、应急预案的要求和陆上基地的指令。

⑤ 向陆上基地报告现场情况，与应急指挥中心保持联系。

⑥ 若是在油（气）田作业，应及时通知有海管连接的油（气）田和终端处理厂，根据实际情况关井或采取其他安全措施，确保各方的安全。

⑦ 宣布解除危险通知。

⑧ 记录事件经过。

（3）高级队长。

① 高级队长在井喷应急处理过程中担任应急小组副组长职务，应积极配合应急小组组长做好具体组织工作。

② 全船通报危险情况。

③ 通知所有非必需人员到安全地点集合。

④ 指示报务员保证通讯畅通。

⑤ 通知守护船待命或救援。

⑥ 通知现场医生根据伤员状况抢救治疗。

⑦ 井控危险消除后，通知并组织有关人员返回工作岗位。

⑧ 有直升机飞行时，做好接送机的准备工作。

⑨ 记录事件经过。

（4）队长、司钻。

按照应急小组组长的指令实施井控措施。

（5）钻井液工程师。

① 按照应急小组组长的指令制定钻井液处理方案。

② 迅速做好钻井液加重及压井准备工作。

（6）守护船。

① 随时保持与事故现场联系，注意观察事故现场的情况。

② 做好施救的准备。

③ 做好撤离事故现场人员的准备工作。

（7）医生。

① 确定伤员状况，进行抢救治疗。

② 与基地保持联系，随时报告现场受伤情况。

③ 确定是否需要医疗援助和伤员是否需要撤离。

（8）报务员。

① 根据事故现场应急小组组长的指令，立即向全体人员通报险情，传达施救命令。

② 通知守护船待命或施救。

③ 坚守岗位，保持与应急指挥中心联系。

④ 有直升机飞行时，准确报告天气情况，保持与直升机联络，向主承包商现场负责人提供直升机到达时间。

⑤ 做好记录。

（9）全体人员。

① 保持警惕，按照操作规程作业。

② 根据统一部署，积极参加救助工作。

③ 迅速到指定地点集合待命。

④ 一旦决定撤离，不要慌乱，按照部署有秩序地撤离。

8.3.1.2　油气井失控应急行动

不能执行正常井控程序的井喷为井喷失控，应执行本应急程序。当油气井发生井喷失控时，钻井总监应根据情况决定采取自救措施。

（1）组织力量进行压井。

（2）做好防火、防爆措施。

（3）做好撤离人员准备，把非常驻人员撤到守护船上。

（4）发生井喷失控时，承包商应按钻井总监指令积极组织压井工作，并做好防火、防爆措施，协助钻井总监组织实施各项抢救措施。

（5）测试总监及时向陆上基地汇报井喷失控的情况和应急补救措施及现场所需压井物资器材，主要包括：

① 井深及钻遇地层。

② 失控原因和失控时间。

③ 失控时的钻井液密度、立管和套管压力、井下钻具等情况。

④ 油气喷出的高度，是否存在火灾威胁。

⑤ 海面被污染的程度。

⑥ 现场气象、海况。

⑦ 井口防喷设备现状及损坏情况。

⑧ 现场压井物资库存数量。

⑨ 急需补充压井的物资、消防器材以及其他救援的要求。

⑩ 人员伤亡情况及救助要求和急救的措施。

（6）基地获得事故消息后,立即召开有关会议,研究补救措施,提出所需物资器材计划。

（7）测试总监指令守护船驶向作业现场参加救援或接送已撤离事故现场的人员。

（8）由陆上基地协调后勤支援工作和救援工作。

（9）由陆上基地向海上搜救中心、海事局、海军、救助站等通报事故情况,必要时请示救援。

（10）如果发生火灾和爆炸,威胁到平台人员生命安全,测试总监指令平台的船长按承包商平台弃船程序执行弃船,事后立即向陆上基地报告。

8.3.2　溢流应急预案

8.3.2.1　主要责任划分

（1）溢油发现者。

立即采取有效措施切断溢油源,同时向作业者现场负责人汇报。

（2）测试总监。

① 作业者现场负责人应对现场全体人员的生命安全、井下和设备的安全负全责,在溢油应急处理过程中担任现场应急小组组长职务。

② 全面负责现场应急指挥工作。

③ 向陆上基地报告现场情况并保持与应急指挥中心的联系。

④ 及时通知有海底管线连接的油(气)田和终端处理厂。

⑤ 宣布解除危险通知,记录事件经过。

（3）高级队长。

① 高级队长在溢油应急处理过程中,应积极配合现场应急小组组长做好具体组织工作,是现场应急小组副组长。

② 告诫全体人员危险情况的存在,并组织人员回收溢油和喷洒消油剂。

③ 指示报务员保证通讯畅通。

④ 通知有海底管线连接的油(气)田和终端处理厂采取有效措施或关井。

⑤ 通知守护船待命或救援。

⑥ 通知现场医生根据伤病员状况抢救治疗。

⑦ 有直升机飞行时,做好接送机准备工作。

⑧ 记录事件经过。

（4）守护船船长。

① 随时保持与事故船现场联系,注意观察事故现场的情况。

② 需要时,全力以赴施救。

③ 做好撤离事故现场人员的准备工作。

（5）医生。

① 确定伤病员状况,进行抢救治疗。

② 确定是否需要医疗援助和撤离伤员。

（6）报务员。

① 根据现场应急小组组长的指令,立即向全体人员通报险情,传达施救命令。

② 通知守护船待命或施救。

③ 坚守岗位,保持与应急指挥中心的联系。

④ 有直升机飞行时,准确报告天气情况,保持与直升机联络,向主承包商现场负责人提供直升机到达时间。

⑤ 做好记录。

(7) 全体人员。

① 发现溢油,应立即向作业者现场负责人报告并迅速采取措施制止事态扩大。

② 根据统一部署,积极参加溢油回收和喷洒消油剂工作。

③ 一旦决定撤离,不要慌乱,按照部署有秩序地撤离。

(8) 陆上基地。

① 陆上基地接到现场报告后,启动应急中心,有关人员到位,进入应急状态。

② 保持通讯联系,随时掌握现场状况和采取的应急措施。

③ 有关技术人员立即根据现场报告和气象海况预报数据,输入计算机模拟,计算溢油未来漂移方向和影响海域,为应急指挥中心提供决策依据。

④ 根据溢油量和现场要求,指令相关船舶全速赶到出事现场,听从现场指挥。

⑤ 向现场提供处理溢油应急的技术指导和方案,必要时派出协调指挥人员及专家赴现场。

⑥ 根据现场情况,调用陆地和其他油(气)田的溢油回收设备和操作人员前往救援。

⑦ 根据现场需求,提供消油剂、吸油器材等。

⑧ 安排直升机应急飞行或待命。

⑨ 若有伤员,通知医务人员携带医疗器械待命或赴现场紧急救助。

⑩ 根据需要,向全国或海上搜救中心请求支援。

⑪ 根据模拟分析,溢油如有可能登岸或流向渔业养殖区等其他环境敏感区域,或国家规定的环境保护区域,应及时通知有关部门、单位做好防范工作,以减少溢油造成的污染损害。

⑫ 根据应急中心指挥小组组长的指令向上级和政府部门汇报。必要时,还应向海事局申请发布航行警告,以避免无关船舶进入该海域。

⑬ 溢油应急处理工作全部结束后,由陆上基地指挥小组组长下达解除应急状态的命令。

8.3.2.2 应急行动

凡在海上石油钻探作业中,因各种原因引起的重大溢油污染事故,都应执行本应急程序。

(1) 一旦发现作业平台发生大量溢油污染,测试总监应指令承包商按作业船(平台)应急部署进行截、堵等措施,尽可能切断溢油来源,控制事故,防止污染蔓延扩大。

(2) 当溢油严重危及作业平台时,首先考虑作业人员和设备安全,停止机器运转,切断一切火源,必要时撤离全部人员。

(3) 事故发生后,测试总监应及时向陆上基地报告,内容如下:

① 溢油事故的船(平台)名称、溢油部位。

② 溢油开始时间、溢油海区、溢油的起因。

③ 溢油量、溢油的物理性质。

④ 溢油控制情况,被污染海面的面积。

⑤ 溢油漂流的方向、速度。

⑥ 溢油区的海流方向、海涌、海况。

⑦ 现场处理措施及效果,是否需要援助。

⑧ 研究确定消油、回收等补救措施。

(4) 当溢油事故危及人员、平台安全时,陆上基地应首先考虑协调实施撤离或弃船程序,以确保人身安全。

(5) 陆上基地迅速组织力量,回收或消除海面浮油,减少对平台的威胁和海洋污染。

(6) 处理事故结束后,测试总监应及时向安全环保部提交事故发生、污染处理等情况的书面报告,由安全环保部向国家海洋环保部门报告。

8.3.3　防台应急预案

8.3.3.1　主要职责划分

(1) 测试总监。

① 测试总监对全体作业人员负责,确保人员和井的安全。

② 负责防台期间的作业组织管理及与基地联络汇报工作,召开会议通知作业人员履行职责确保作业人员、井下及设备的安全。

③ 根据当前作业内容以及热带气旋发展情况,制订作业台风应急计划(包括防台作业计划和人员撤离计划),报送项目组、钻完井部审核后,报送应急指挥中心审查和备案。

④ 根据陆上基地应急中心的指令,统筹安排现场防台工作及人员撤离工作。

⑤ 一旦出现应急状态,根据实际情况协调处理,并根据事态评估结果向陆上基地汇报。

(2) 测试监督工作职责。

① 不间断监控并向测试总监汇报天气预报信息,提前作业计划时间表以确保人员、设备和井下的安全,并向测试总监提交计划时间表。

② 向测试总监递交拟定的人员撤离计划,执行总监下达的各项行动指令。

③ 配合测试总监完成防台作业的协调管理,向测试总监汇报防台工作进行的情况。

④ 协助测试总监完成作业人员的撤离,通知最后撤离人员的安排情况和注意事项。

⑤ 一旦出现应急状态,及时向钻井总监汇报。

(3) 高级队长工作职责。

① 不间断掌握热带气旋/台风移动情况,提前做好各项应急预案准备,依照钻井总监的指令进行下步作业,并及时汇报各项作业进行的情况以便采取合理有效的方案。

② 负责平台人员及设备的安全。

③ 协助测试总监全面安排、检查防台工作;确保防台工作的落实到位,并向测试总监递交拟定的撤离平台人员名单。

④ 一旦出现应急状态,及时向测试总监汇报。

(4) 安全监督工作职责。

① 协助高级队长做好各种安全资料的填报。

② 监控现场各项作业的安全,保障人员和设备的安全。

③ 向高级队长递交拟定的防台人员名单及撤离平台人员名单,并登记人数,协助高级队长检查防台固定工作进展情况。

④ 一旦出现应急状态,及时向高级队长汇报。

(5) 队长工作职责。

① 协助测试总监、高级队长安排并完成井下处理工作。

② 协助高级队长完成对防台固定工作的安排、检查,确保防台工作完毕。

③ 负责组织处理钻井液排放,以满足稳性要求。

④ 协调当班人员各项工作的进行,保护好井口,保障人员、设备和井下的安全。

⑤ 维持撤离平台人员秩序,保证安全撤离。

⑥ 一旦出现应急状态,及时向高级队长汇报。

(6) 船长工作职责。

① 确定平台合理载荷,对平台物料进行合理布置摆放,协助高级队长对防台固定工作的全面安排和检查。

② 协助高级队长做好人员撤离的各项准备工作。

③ 协调平台与值班守护船的沟通。

④ 负责接收气象信息,标绘台风路径图。

⑤ 一旦出现应急状态,及时向高级队长汇报。

(7) 其他服务商工作职责。

① 协助完成井下处理工作。

② 协助完成相关设备、工具及材料的固定工作。

8.3.3.2 防台警戒区的划分

(1) 第一阶段(警惕状态):风暴的前沿距离设施大于 1 500 km 或 72 h 的路程,并正在向设施靠近,并且其处前沿距撤离准备警戒线(1 500 km)还有 24 h 的路程。

(2) 第二阶段(准备撤离状态):风暴前沿距离设施在 1 500 km 以内但大于 1 000 km 或 60 h 的路程。

(3) 第三阶段(撤离状态):风暴前沿距设施在 1 000 km 以内但大于 500 km 或 24 h 的路程(撤离必要人员和非必要人员)。

(4) 第四阶段(观察状态):风暴前沿距设施小于 500 km 或少于 24 h 的路程。

(5) 第五阶段:避台后恢复工作。

(6) 当南海形成的热带气旋(俗称"土台风")风力超过 25 m/s 并可能袭击作业区时,平台人员的撤离和井下处理程序不受上述 3 种警戒区域防台时限的限制,应从南海热带气旋形成的突然性、风力加强、移动速度快、防不胜防等特点考虑,贯彻"预防为主""十防九空也要防"的防台指导思想,迅速做出反应,以策安全。

8.3.3.3 防台应急行动

(1) 当热带气旋或热带风暴进入北纬 12°~22°,东经 125°以西海域,或南海任何位置的热带低压风力达到八级或已形成台风,并有可能威胁到作业区,应执行防台应急程序。

(2) 当台风或热带风暴进入上述海域,测试总监应立即通知承包者准备执行防台应急程序,并向陆上基地汇报初步撤离计划。

（3）自收到台风警报起，测试总监应指令平台（船），要求及时收集台风报告和附近气象站的台风预报，并做好防台动员工作及防台准备。

（4）若台风或热带风暴八级大风半径进入以作业平台为中心，半径1 500 km范围内，测试总监按照陆上基地指令启动防台撤离作业。

（5）撤离现场非常驻人员，安排撤离全部人员的交通工具，联系撤离点。

（6）平台根据本井测试作业安全质量计划对平台的设备、设施、器材进行加固和固定。

（7）测试总监应根据作业内容倒推算出完成全部台风撤离程序所需要的时间，判定该作业的进度，决定采取的措施，并反映在每日生产作业报表上。

（8）陆上基地启动24 h防台值班，并同作业平台及有关方面加强联系。

（9）当台风或热带风暴八级大风半径进入以作业平台为中心，半径1 000 km范围内时，钻井总监应宣布进入第二防台程序，并向陆上基地报告情况。

（10）立即停止正常作业，开始进行封井保护井口的工作。

8.3.4　火灾、爆炸应急程序

8.3.4.1　主要责任划分

（1）火灾或爆炸发现者。

① 发现火灾或爆炸后立即拉响警报，同时用附近合适的消防设备、器材灭火。

② 立即向作业者现场负责人报告事件的位置、类型和程度。

（2）测试总监。

① 测试总监应对现场全体人员的生命安全、井下和设备的安全负全责，在火灾或爆炸应急处理过程中担任现场应急小组组长职务。

② 立即落实火灾或爆炸发生的位置、范围及类型并命令灭火。

③ 向陆上基地报告现场情况。

④ 若火灾或爆炸发生在钻井平台，必要时应关井以减小火灾或爆炸的影响。

⑤ 确定并报告火灾或爆炸的原因，或保护现场，等待专家调查。

⑥ 记录事件经过。

（3）高级队长。

① 高级队长在火灾或爆炸应急处理过程中，应积极配合现场应急小组组长做好具体组织工作，是现场应急小组副组长。

② 通知全体人员危险情况的存在。

③ 通知所有非必需人员到安全地点集合。

④ 根据火灾或爆炸的类型和位置，组织、指挥消防队员用适当的消防设备和方法灭火。

⑤ 指示报务员保证通讯畅通。

⑥ 通知守护船待命或救援。

⑦ 通知现场医生根据伤员状况抢救治疗。

⑧ 有直升机飞行时，做好接送机准备工作。

⑨ 在接到现场应急小组组长的人员撤离命令后，组织所有人员有秩序地撤离。

⑩ 记录事件经过。

（4）守护船船长。

① 火灾就是命令,一旦得知,立即赶往事故现场附近待命。需要时,全力以赴投入灭火工作。

② 随时保持与事故现场联系,注意观察事故现场的情况。

③ 做好撤离事故现场人员的准备工作。

(5) 医生。

① 确定伤员状况,进行抢救治疗。

② 与基地保持联系,随时报告现场伤病情况。

③ 确定是否需要医疗援助和伤员是否需要撤离。

(6) 报务员。

① 根据现场应急小组组长的指令,立即向全体人员通报火情,传达施救命令。

② 通知守护船待命或施救。

③ 坚守岗位,保持与应急指挥中心的联系。

④ 有直升机飞行时,准确报告天气情况,保持与直升机联络,向主承包商现场负责人提供直升机到达时间。

⑤ 做好记录。

(7) 全体人员。

① 一旦发现火灾或爆炸,立即发出警报,同时视情况施救。

② 根据统一部署,积极参加救助工作。

③ 无关人员,迅速到指定地点集合待命。

④ 一旦决定撤离,不要慌乱,按照部署有秩序地撤离。

8.3.4.2 应急行动

当海上作业平台或船舶发生火灾或爆炸时,承包商的现场负责人(高级队长)应立即采取自救措施:

(1) 组织力量进行灭火。其他人员到集合点集中。

(2) 采取措施防止火势蔓延或连锁爆炸。

(3) 抢救受伤人员。

(4) 必要时发出呼救信号。

(5) 准备执行弃船程序。

8.3.5 弃船应急程序

8.3.5.1 主要责任划分

(1) 测试总监。

① 测试总监应对现场全体人员的生命安全、设施的安全负全责,在应急撤离过程中担任现场应急小组组长职务。

② 立即落实失控事故的状态、位置、范围及发布相关命令。

③ 向陆上基地报告现场情况。

④ 根据应急部署表的职责,携带重要文件、资料,指令相关岗位人员携带重要资料、现金准备撤离。

⑤ 指令相关岗位人员做好撤离准备,组织搜救失踪人员,下达最终撤离指令。

⑥ 指令有关人员记录事件经过。

（2）高级队长

① 高级队长在应急撤离过程中，应积极配合现场应急小组组长做好具体组织工作，是现场应急小组副组长。

② 通知全体人员危险情况的存在。

③ 通知所有非必需人员到安全地点集合。

④ 指挥相关岗位人员检查逃生设备设施。

⑤ 指示报务员保证通讯畅通。

⑥ 通知守护船待命或救援。

⑦ 通知现场医生根据伤员状况抢救治疗。

⑧ 有直升机飞行时，做好接送机准备工作。

⑨ 在接到现场应急小组组长的人员撤离命令后，组织所有人员有秩序地撤离。

⑩ 记录事件经过。

（3）守护船船长。

① 接到指令，立即赶往事故现场附近待命，随时投入接应应急撤离工作。

② 随时保持与事故现场联系，注意观察事故现场的情况，必要时，通过船上通讯手段向应急指挥中心报告事故情况。

③ 做好撤离事故现场人员的准备工作。

（4）医生。

① 确定伤员状况，进行抢救治疗。

② 随时报告现场伤病情况。

③ 确定是否需要医疗援助和伤员是否需要提前撤离。

（5）报务员。

① 根据现场应急小组组长的指令，发送各种讯息，传达命令。

② 通知守护船待命或施救。

③ 坚守岗位，保持与应急指挥中心的联系。

④ 有直升机飞行时，准确报告天气情况，保持与直升机联络，向主承包商现场负责人提供直升机到达时间。

⑤ 做好记录。

（6）全体人员。

① 根据应急部署表各司其职，并听从现场指挥的指令投入应急处理工作。

② 无关人员迅速到指定地点集合待命。

③ 一旦决定撤离，不要慌乱，按照部署有秩序地撤离。

8.3.5.2　应急行动

海上石油作业中遇到热带气旋、井喷失控、火灾爆炸、船体结构断裂、海损事故、有害气体、地震及战争，危及全体人员生命安全时，应执行弃船程序。当决定弃船时（除突发性事故外，决定权在陆上基地），测试总监应指令平台经理或平台（船）船长指挥人员撤离。

（1）指令电台发出呼救信号，启用应急电台，应尽可能地与工作船和守护船保持联系，直到全部人员安全撤离。

（2）当险情发生可能弃船时，测试总监指令守护船、工作船紧急起锚，做好接应和救生的准备。

（3）当弃船开始，救生艇（筏）下水或跳水者入水时，守护工作船应立即向其靠拢进行救助，救捞落水人员。

（4）险情发生后，立即向陆上基地报告；若平台（船）失去指挥能力，守护船应立即向陆上基地报告以下内容：

① 发生险情的时间、原因、事态发展。

② 需要救助的要求。

8.3.6 放射性、有毒有害物质泄漏应急预案

8.3.6.1 主要责任划分

（1）测试总监。

① 测试总监应对作业现场全体人员的安全、井下和设备的安全负全责，在放射性物质遗散或有毒有害物质泄漏应急处理过程中担任现场应急小组组长职务。

② 接到报告后，立即落实事故性质和状况，向陆上基地汇报。

③ 与主承包商现场负责人联系，制定行动步骤并互相配合，采取行动。

④ 全面指挥放射性物质的井下打捞或丢弃处理作业，确保符合操作规程或按照应急指挥中心的指令作业。

⑤ 若放射性物质或有毒有害物质在作业现场发生泄漏，立即组织现场人员撤离到安全区域并隔离该区域，在医生的指导下自救和互救，受到严重伤害的人员，送回陆地治疗。

⑥ 向相关部门汇报事件有关细节。

⑦ 尽量保证井的安全。

⑧ 详细记录事件经过，完成事故报告。

（2）高级队长。

① 高级队长在放射性物质遗散或有毒有害物质泄漏应急处理过程中，应积极配合应急小组组长做好具体组织工作，是现场应急小组副组长。

② 告诫全体人员危险情况的存在。

③ 通知报务员保证通讯畅通。

④ 通知医生根据伤员状况全力以赴抢救治疗。

⑤ 通知守护船待命。

⑥ 有直升机飞行时，做好接送机准备工作。

⑦ 记录事件经过。

（3）队长、司钻。

按照应急小组组长的指令实施放射性物质遗散打捞或有毒有害物质清理措施。

（4）医生。

① 医生在放射性物质保护层破损或有毒有害物质泄漏应急处理过程中起主要作用，是抢救治疗方案的制定者，也是方案实施的具体组织者，还是抢救治疗技术的指导者。

② 确定伤病员状况，根据轻重缓急情况抢救治疗。

③ 组织、指导现场作业人员自救和互救。

④ 确定伤病员返回陆地的顺序。

⑤ 根据需要,直接与南海西部石油公司职工医院或其他有关人员通话,确定相关事宜。

⑥ 记录事件经过。

(5) 测井公司现场作业人员。

① 向作业者现场负责人提供适当的帮助和建议。

② 监测返出钻井液的辐射强度。

③ 协助放射性物质的井下打捞或丢弃处理作业。

④ 完成必要的汇报文件。

(6) 报务员。

① 通知守护船待命。

② 坚守岗位,保持与应急指挥中心的联系。

③ 有直升机飞行时,准确报告天气情况,保持与直升机联络,向主承包商负责人提供直升机到达时间。

④ 做好记录。

(7) 全体人员

① 根据事故情况,做好自救工作。

② 根据统一部署,积极参加救助工作。

8.3.6.2　应急行动

在海洋油气勘探、开发作业中经常使用放射性物质和接触有毒有害物质,由于不慎可能造成放射性物质落井、遗失、保护层破损或者有毒有害物质泄漏对人员造成伤害。上述事故一旦发生,按本应急预案处理。

(1) 海上运输期间。

若放射性物质在途中落海,放射源存放箱将自动释放浮标作为标记,运输船船长或有关人员应立即将落海坐标和事故情况报告陆上基地,并原地监视浮标等待打捞,做好事件记录,没有上级指令不能离开。

若放射性物质或有毒有害物质在运输途中发生泄漏,运输船船长或有关人员要立即采取措施:

① 将全体人员撤到安全区域。

② 隔离放射性物质或有毒有害物质存放区域。

③ 对已受危害的人员采取必要医疗措施。

④ 报告应急指挥中心,按照接到的指令行动。

(2) 海上作业现场。

若放射性物质落入井下,测试总监要立即报告应急指挥中心值班室,并按照操作规程或应急指挥中心提供的打捞方案全力打捞,未经有关部门同意不得放弃。

若放射性物质在作业现场发生泄漏,发现者要立即报告测试总监。测试总监和其他人员按照相应规定采取行动。

第9章　高温高压气井测试设计

对高温高压油气勘探评价而言,地层测试依然是商业发现的重要手段,在相对确定的地质条件下评价不确定的油藏因素,从而最终评价油气藏的商业价值。高温高压气井测试的主要目的:评价油气层产能,评价油气层物性,获取具有代表性的地层流体样品。要获取优秀测试成果,有如下4个紧密相关的环节:测试设计、工艺施工、资料录取和资料解释。每个环节都关系着测试质量。其中测试设计又是首要的工作,一个优秀的测试设计应该是:善于针对不同地层、测试层段、井身条件和测试目的,采取有效的工艺方法和测试方案,使测试既能满足录取资料要求,又能达到安全、快速施工并降低成本的目的。

高温高压气井测试设计是以测试地质设计、钻井方案及专题研究成果为基础,以钻井平台为载体,以优质高效录取地质资料、弄清储层情况为目的,规范指导高温高压气井测试作业的一项重要工作,其主要内容包括:基础数据收集、作业平台选择、井筒清洁工艺、测试液设计、射孔设计、测试管柱设计与安全校核、管流校核、地面流程设计、防砂设计、井控设计、油气层封隔设计、风险分析及对策。

9.1　测试设计准备及资料收集

9.1.1　高温高压测试设计依据

9.1.1.1　测试设计规范

测试指南:Q/HS 14006—2011《高温高压井测试指南》,集南海西部测试专家多年测试经验及国内外通行做法,从设计到施工均有较为明确的建议。

行业标准:SY/T 6581—2003《高压油气井测试工艺技术规程》。

9.1.1.2　高温高压测试文献

《高温高压气井测试技术》,主要包括测试管柱力学分析、井下测试工具、测试地面流程、测试工艺技术、测试解释理论及方法等。

《高温高压气井完井技术》,对测试管柱力学分析、温压场计算、水合物等有详细描述。

9.1.2　高温高压测试设计原则

高温高压井测试是一项高风险作业,所有地面、井下工具的使用均已经达到了极限,因

此,设计之初应贯彻安全第一的思想,需遵循以下原则:

(1) 在安全的前提下,满足测试地质要求。

(2) 装备、工具、材料及测试工艺应满足预测井眼最高温度和最大地层压力条件下测试作业的要求,装备、工具和材料的关键技术指标和抗高温高压参数应在设计中明确。

(3) 设计应该遵循 Q/HS 14006—2011《高温高压井测试指南》对设备的要求。

(4) 设计中应包含作业风险分析和应急计划及应急程序。

(5) 测试期间防止污染环境。

9.1.3 高温高压测试资料收集

高温高压气井测试设计需收集的资料:邻井高温高压测试资料、基本测试地质设计、钻井基本数据、平台设备能力数据、测试设备和工具数据、高温高压测试专题研究成果等资料。

9.1.3.1 邻井高温高压测试资料

(1) 测试井井名、层位、深度、测试程序。

(2) 取资料情况:井底压力、井口压力、井底温度、井口温度、日产液量、测试压差、工作制度、开关井操作、生产压差、地层出砂情况。

(3) 射孔方案:射孔工艺、射孔方式、射孔管柱、点火方式、射孔参数(孔密、相位、孔径、穿深)、射孔枪尺寸、射孔弹类型、射孔流体(隔离液、射孔液)、负压值、造负压方式。

(4) 防砂方案:优选的防砂方案。

(5) 测试管柱:管柱组合、工具(类型、尺寸、材质、功能、性能、下入深度)。

(6) 测试液、储层保护措施及效果、弃井方案。

(7) 测井资料:测压取样数据、取芯资料、SBT 测井资料。

(8) 解释成果:综合录井图、测井解释表、固井资料评价表、测压取样分析结果、MINI 地层测试结果。

(9) 存在问题:工程复杂情况和事故、出砂、腐蚀、冲蚀、井筒完整性等。

9.1.3.2 基本测试地质设计

(1) 地质构造和储层描述、邻井或本区域测试资料。

(2) 测试主要目的、测试层位描述、产能预测、诱喷压差、开关井工作制度、井下取样要求、地面取样要求、测试工艺要求、地层岩芯及流体分析资料。

(3) 做出地层含有硫化氢等有害气体的风险提示。

9.1.3.3 钻井基本数据

(1) 钻井平台基本作业能力,如水深、井深等。

(2) 井深结构数据,如井深、井斜、井型、生产套管壁厚、生产套管材质、钻井液体系、固井方式。

(3) 井筒完整性校核,套管试压要求。

(4) 钻井液密度、完钻井深等。

(5) 所在海域的国家法律、法规及作业期间的气象和海况。

9.1.3.4 平台设备能力数据

(1) 作业平台场地面积、强度、可变载荷、稳性,作业平台最大允许的漂移量,顶驱工作能力,井架钻具排放能力,吊车能力,钻井泵排量、工作压力,振动筛处理能力。

(2) 物资储备能力:钻井液池体积,钻井水、燃油、生活水、柴油等储备能力。

(3) 防喷器系统压力和温度等级是否满足测试层需要。

(4) 平台固定测试设备,平台分向管汇、固定管汇、燃烧头、燃烧臂的状况。

9.1.3.5 测试设备和工具数据

(1) 设备能力,本井需要用的设备能力按照规范准备。

(2) 井下工具,重点考虑工具的尺寸,耐温、耐腐蚀性,抗拉、抗内外挤。

(3) 油管和钻具等,尺寸、耐温、耐腐蚀性,抗拉、抗内外挤,扣型、密封性能。

9.1.3.6 高温高压井测试需要的专题研究成果

(1) 高温高压井测试期间井筒温度/压力场分析。

(2) 高温高压井测试期间水合物预测及预防措施研究。

(3) 高温高压井测试管柱安全性分析。

(4) 地层出砂预测分析。

(5) 高温高压井安全测试作业流程优化。

(6) 热辐射计算。

(7) 高温高压井测试系统安全分析。

(8) 高温高压井测试流程仿真计算与管理系统。

9.1.4 高温高压测试的井筒评价

井筒评价的因素很多,包括:

(1) 套管抗外挤、抗内压。

(2) 射孔后套管的剩余强度。

(3) 套管悬挂器的密封性和畅通性。

(4) 地层流体对套管的长期腐蚀性。

(5) 固井质量造成的窜槽对测试工艺可能带来的风险。

(6) 钻井和固井漏失对测试地面设备可能造成的风险及人工井底的密封性。

9.2 钻井平台要求

测试作业是以钻井平台为载体,作业平台选择首先要满足高温高压钻井作业的要求,同时需要考虑防喷器组、钻井液池、固井泵、甲板面积、平台燃烧臂、喷淋管线满足测试要求。

9.2.1 井口要求

(1) 井口装置、防喷器组及节流管汇等额定工作压力应不低于目标井预测的最高地层孔隙压力。

(2) 井口装置、防喷器组、地面循环系统等耐温级别应不低于预测工作温度。测试期间需要关闭的闸板耐温等级要满足测试要求。

（3）钻井装置上的液气分离器处理能力应满足测试压井循环排气的需要。

（4）除气器应满足压井时的钻井液处理能力。

（5）固井泵及其到钻台的高压管线的额定工作压力应不低于目标井预测的最高地层孔隙压力，同时固井泵排量满足测试期间应急压井要求。

（6）半潜式平台升沉补偿系统：升沉补偿系统的补偿能力满足起下测试管柱升沉补偿要求。

（7）环空加压系统：环空加压系统如钻井泵、固井泵等满足井下测试工具的操作及试压要求。

（8）井口工具：要求配备扭矩监测仪器及仪表，平台吊卡及卡瓦满足测试工具及管柱起下要求，禁止使用铁钻工对测试工具上、卸扣。

（9）钻井液池容量至少满足 2 倍以上的井筒容积。

9.2.2 测试主甲板要求

9.2.2.1 测试需求面积

应满足地面测试主流程、水下坐落管柱系统及辅助系统设备摆放，甲板强度应满足地面测试设备的选型要求。

9.2.2.2 平台设备要求

（1）固定高压井口测试管线。

① 从钻台至测试甲板专用的固定高压井口测试管线的压力等级不小于 15 000 psi、内径不小于 3 in。

② 固定管线材质要求符合 NACE MR01-75 标准。

③ 管线配备法兰连接的接口，满足高温高压及硫化氢测试作业的需要。

（2）测试甲板分配管汇及固定管线。

① 平台应具备从测试设备摆放区域至左右两舷燃烧臂的固定分配管汇及下游固定管线。

② 油、气管线压力等级不低于 1 440 psi，公称通径不小于 3 in。

③ 管线材质要求符合 NACE MR01-75 标准。

④ 分配管线及分配管汇配备法兰连接的接口，满足高温高压及硫化氢测试作业的需要。

（3）平台吊车。

平台吊车的吊重能力及旋转半径满足测试设备的吊装需要，特别是分离器、锅炉、水下测试树和连续油管等重型设备的吊装和摆放。

（4）配电箱。

① 测试甲板应配备地面测试动力设备的配电箱，满足平台 ZONE1 的要求。

② 测试甲板最少配置一个 1 进 5 出的 380 V 以上 100 kW 的配电盘及一个 1 进 3 出 220 V，10 kW 的配电盘。

③ 水下测试树设备摆放区域，最少配置两个 1 进 3 出的 110～220 V，50～60 Hz，20 kW 的配电盘。

（5）压缩空气。

① 设置专用压缩空气输出接口（接口与平台不间断气源相连接），供化学注入泵、ESD系统、分离器、加热器、井下工具试压泵及水下树控制系统使用。

② 平台压缩空气供应压力为 80～120 psi。

（6）柴油接口。

① 设置柴油输出接口，供测试甲板上的压风机及锅炉等使用。

② 柴油供应能力应满足至少 3 m^3/h。

（7）淡水接口。

① 设置淡水水源接口，供测试甲板上的锅炉使用。

② 淡水供应能力应满足至少 3 m^3/h。

（8）通信设施。

测试甲板设置网络及电话线接口，保证测试期间的数据实时传输及工作沟通。

（9）燃烧臂。

① 燃烧臂上的天然气管线为独立管线，伸出燃烧臂前端独立燃烧，此天然气管线应配备独立的消声器与电打火装置。

② 燃烧臂配备高压安全泄压管线。

③ 燃烧臂油气管线满足设计最大油气产量的处理能力。

④ 燃烧头和燃烧臂的原油及天然气管线材质要求符合 NACE MR01-75 标准。

⑤ 燃烧臂配备喷淋冷却系统。

⑥ 燃烧臂包括：原油管线、天然气管线、安全泄压管线、排空管线、冷却水管线、压缩空气管线、液化气管线、柴油管线、蒸汽管线（可选）。

（7）消防喷淋系统（消防喷淋系统的明确要求：水雾的参数、喷头距离、覆盖面积），平台两舷燃烧臂配备独立的消防喷淋系统。若消防喷淋系统不满足防喷要求，则需要临时加装消防水龙带。

9.3 井筒清洁方案

海上高温高压井测试的井筒清洁至关重要，它关系着本井能否测试成功，通过南海西部10多口高温高压井的测试作业，形成了一套海上高温高压井高效的井筒清洁技术。

9.3.1 地面管汇清洁

钻井期间采用的高密度钻井液在管汇中逐渐沉淀，常常会堵塞管汇阀门及阻流管汇，在采用阻流阀泄压时，导致不能迅速泄压，造成无法关闭井下测试阀，高温高压测试期间需要对地面管汇进行处理。

（1）建立地面管汇冲洗制度，用原钻井液对地面高低压管汇每12 h冲洗一次。

（2）测试作业期间，采用调整好的测试液，替出管汇中的原钻井液，确保地面管汇中测试液性能合格。

（3）测试作业期间，关闭好地面管汇阀门，确保其他流体不会进入管汇。

9.3.2 隔水管及防喷器组清洁

隔水管(升高管)及防喷器组中存有大量铁锈及其他杂物,并且在刮管洗井期间,由于钻井液上返至防喷器处,内径变大导致返速变小,无法有效地带出铁锈及杂物。如果不能把这些铁锈及杂物清除,在测试期间随着井筒温度场变化,可能导致隔水管内铁锈剥落,沉积在封隔器上部,导致卡死管柱,造成严重井下事故。现场作业中清洗隔水管及防喷器组作业步骤如下:

(1) 组合冲洗管柱。

(2) 缓慢下放冲洗管柱至井口位置,期间大排量在隔水管、防喷器组位置来回冲洗。

(3) 活动万能及各闸板防喷器,再次冲洗。

(4) 起钻,再次冲洗。

(5) 冲洗期间监测好振动筛,观察返出情况。

9.3.3 井筒清洁

井筒清洁的同时能够替入测试液,循环调整测试液的性能,确保测试期间井筒内测试液不沉淀,性能良好。

(1) 组合下入刮管洗井管柱,要求对测试段套管进行重点清刮,建议刮管深度不要超过球座的位置。

(2) 在回接筒顶、封隔器坐封段、射孔段进行重点清刮并冲洗。

(3) 循环调整测试液性能,性能满足测试要求后取样保存。

(4) 起钻,期间严格保护好井筒,防止其他流体进入井筒,污染测试液。

9.4 测试液设计

测试液是油气井测试作业中所用到作业流体的统称。测试液对井控安全、作业工艺安全以及准确评价油气层起到非常重要的作用。根据前期已测试过高温高压井作业经验,推荐测试液采用低密度测试液体系。

9.4.1 测试液设计原则

(1) 凡是与储层接触的测试液应最大限度地保护储层,与其他的入井流体(地层水、钻井液、水泥浆)的配伍性好。

(2) 与地层压差尽量小,在工具承压能力范围内。

(3) 测试液井下性能长期稳定。

(4) 测试期间环空传压性能良好。

(5) 满足测试不同工序的要求。

9.4.2 测试液设计要求

(1) 测试液设计应包括测试液种类、基本配方、性能参数、配制方法、单井用量等。

(2) 若采用无固相或者更换测试液体系,需对新的工作液与地层流体配伍性进行评价。

（3）确定好测试液体系之后，需要根据地层温度、测试液密度做 10 d 热稳定性能试验。

（4）测试液密度应满足井控要求，同时应考虑满足封隔器上下压差及油套管抗挤强度要求。

（5）测试液材料数量应充足，并满足井控最低配制数量要求。

（6）考虑环保、流变性及测试液腐蚀性对管材、井下工具橡胶密封件的影响。

（7）测试液满足作业人员安全要求，每种测试液材料必须配备 MSDS 卡。

（8）测试液的生物毒性应符合 GB 18420.1 要求，腐蚀速率应满足设计要求。

9.4.3 测试液性能与密封件

高温高压井所采用测试液体系常常为钻井液，为了保持钻井液抗高温性能，整个体系需要在碱性环境下，通常 pH 为 10~11，因此对井下工具的密封件使用提出了更高要求。

目前高温高压常用井下工具均采用 VITON 类型的橡胶密封，但是通过查阅国外相关密封件使用推荐，在碱性环境下 VITON 密封使用具有局限性。表 9-1 为斯伦贝谢公司密封使用推荐表。

表 9-1 斯伦贝谢公司密封使用推荐表

Environment	Elastomer families-Qualified compounds only						
	Neoprene fiber reinforced	Nitrile	HNBR	Viton	Aflas	Chemraz	Kalrez
Maximum recommended temperature	275 °F	275 °F	325 °F	400 °F	400 °F	400 °F	400 °F
Minimum recommended temperature	75 °F	minus 40 °F	minus 40 °F	40 °F	75 °F	40 °F	75 °F
Crude oil	OK	OK	OK	OK	OK	OK	OK
Natural gas w/condensate	OK	OK	OK	OK	OK	OK	OK
Formation of injected water	OK	Up to 275 °F	Up to 300 °F	Up to 300 °F	OK	OK	OK
H_2S	NO	Up to 10 ppm	Up to 100 ppm	Up to 300 °F	OK	OK	OK
CO_2 Gas	OK	OK	OK	OK	OK	OK	OK
Water based mud	Up to 275 °F	Up to 275 °F	Up to 300 °F	Up to 300 °F	OK	OK	OK
Oil based mud	OK	OK	OK	OK	OK	OK	OK
Ester containing mud	NO	NO	NO	OK	OK	OK	OK
Diesel	OK	OK	OK	OK	OK	OK	OK
Brine completion fluid, pH<9	OK	OK	OK	Up to 300 °F	OK	OK	OK
Brine completion fluid, pH>9	ON	ON	ON	ON	OK	OK	OK

Environment	Elastomer families-Qualified compounds only						
	Neoprene fiber reinforced	Nitrile	HNBR	Viton	Aflas	Chemraz	Kalrez
Maximum recommended temperature	275 ℉	275 ℉	325 ℉	400 ℉	400 ℉	400 ℉	400 ℉
Minimum recommended temperature	75 ℉	minus 40 ℉	minus 40 ℉	40 ℉	75 ℉	40 ℉	75 ℉
Sea water	OK	OK	OK	OK	OK	OK	OK
Zinc bromide	NO	NO	NO	Up to 300 ℉	OK	OK	OK
Amine based inhibitors	NO	Up to 250 ℉	Up to 300 ℉	Up to 200 ℉	OK	OK	OK
Hydraulic oil, mineral oil	OK	OK	OK	OK	OK	OK	OK
Hydraulic oil, approved synthetic	OK	OK	OK	OK	OK	OK	OK
Water glycol hydraulic fluid, pH<9	Up to 200 ℉	Up to 200 ℉	Up to 200 ℉	Up to 200 ℉	OK	OK	OK
Water glycol hydraulic fluid, pH>9	NO	NO	NO	NO	OK	OK	OK
Hydrocarbon solvents, aliphatic eg Hexane, Kerosene	NO	Up to 275 ℉	Up to 325 ℉	OK	OK	OK	OK
Hydrocarbon solvents, aromatic eg Xylene, Toluene	NO	Up to 250 ℉	Up to 300 ℉	OK	OK	OK	OK
Hydrocarbon solvents, cholorinated	NO	OK	OK	OK	OK	OK	OK
Hydrocarbon solvents, oxygenated	Up to 250 ℉	Up to 250 ℉	Up to 300 ℉	Up to 300 ℉	OK	OK	OK
Methanol, dry	Up to 250 ℉	Up to 250 ℉	Up to 300 ℉	Up to 300 ℉	OK	OK	OK
HCl acid	Up to 250 ℉	Up to 250 ℉	Up to 300 ℉	Up to 300 ℉	Up to 400 ℉	OK	OK
HF/HCl	NO	Up to 200 ℉	Up to 275 ℉	Up to 300 ℉	Up to 400 ℉	OK	OK
Acetic acid	NO	Up to 200 ℉	Up to 275 ℉	Up to 300 ℉	OK	OK	OK
Steam	NO	NO	NO	NO	OK	OK	OK

根据上述推荐以及现场实际作业可知：VITON 密封圈可以在 pH 小于 10、温度低于 191 ℃环境下使用；若 pH 大于 10、温度高于 191 ℃应采用高级别的 Aflas 或者 Chmeraz 密封圈。

9.5 射孔设计

高温高压井射孔设计应按照安全、高效、简易可靠的原则进行，同时降低作业风险，提高作业时效。主要要求为：所选择射孔器材需要满足井下温度压力，同时需要保证 2 倍以上的安全作业时间。

9.5.1 射孔器材要求

提供的射孔器材能满足高温高压井射孔要求，并有制造厂家的相关质量文件。

射孔枪、传爆管、导爆索、剪切销到基地后，要做试压和地面试验，确认合格才能下井。

在井况温度压力条件下，校深工具能够满足 2 倍以上的工作时间。

9.5.2 射孔方式与射孔枪、弹选择原则

(1) 宜采用油管传输联作负压射孔。

(2) 根据温度、压力、下井时间选择合适的射孔枪和射孔弹。

(3) 按照井眼尺寸或者套管尺寸合理选择射孔枪，射孔枪尺寸不仅需满足最佳射孔效果，而且满足在意外卡枪时可实现打捞作业。

(4) 疏松地层宜采用大孔径、高孔密射孔弹，常规地层和致密地层宜采用深穿透、高孔密射孔弹。

(5) 宜采用正加压引爆射孔，射孔双压力延时点火方式，设置合理的延迟时间。

9.5.3 射孔工艺设计

(1) 应在射孔数据表确定前与地质部门确认射孔层位是否可以扩射，以消除实际作业误差带来的影响；应复核距离射孔层位较近水层的位置，确定是否需要避射，防止误射开水层。

(2) 根据测试目的及要求选择射孔方式及射孔参数(孔密、孔深、相位等)。

(3) 确认油气层射孔段深度和套管放射性标志的下入深度。

(4) TCP 射孔管柱结构(管柱结构图)的设计，并考虑管柱的减震设计，对于插入密封管柱安装自动丢枪装置，射孔后实现丢枪。

(5) 负压值的确定参照《勘探监督手册(测试分册)》，同时需确定现场设备及作业条件，射孔负压值应小于最小地层出砂压力，小于井下及地面工具的安全压力等级。

(6) 射孔模拟计算。

(7) 编制射孔作业程序。

(8) 制定应急方案(包括提前射孔、点火不成功、未丢枪等)。

9.6 测试管柱设计与安全校核

高温高压气井测试管柱设计应考虑到地质油藏完井要求、地层流体性质、测试工艺选择等多方面因素,设计的管柱要求在保障安全的前提下,达到能有效封隔地层、建立地层流体流动和循环压井通道、保障流体在井下处于可控状态的目标,同时应尽量简化管柱结构以降低减少作业风险。

9.6.1 管柱设计的目标

(1)有效封隔地层,建立地层流体流动和循环压井通道。
(2)保障流体在井下处于可控状态并满足地质设计要求。
(3)半潜式平台具备管柱应急解脱、管柱内剪切功能和井下开/关井功能。
(4)满足安全和地质要求的前提下,宜尽量简化管柱结构。

9.6.2 管柱结构设计

(1)管柱通径满足产量要求。
(2)管柱满足资料录取需要:温度、压力、井下取样等。
(3)管柱应具备管柱试压、多次开关井、循环压井等功能。
(4)测试封隔器应满足设计温度、压力要求,同时保证测试结束后顺利解封。
(5)应采用压控式测试工具。
(6)管柱内径尽可能一致,最小内径满足钢丝探砂面及水合物面,下入连续油管进行管柱内冲砂、冲洗、顶替等作业。
(7)管柱外径满足可变闸板要求。
(8)测试管柱应配备至少2道安全屏障,下循环阀的位置应尽量靠近封隔器。
(9)气井测试管柱宜使用气密扣。
(10)管流计算应符合管柱结构及强度的安全要求。
(11)半潜式平台地面测试树离钻台应考虑平台漂移的影响,推荐测试树离转盘面3~5 m,同时考虑高压挠性软管的磨损。
(12)地面测试树应具备以下功能:
①压井翼具备泵注压井功能,压井翼上的单流阀具备单向和锁定打开功能。
②清蜡阀上部具备安装和进行钢丝、电缆或连续油管作业的防喷器和防喷管的功能。
③流动翼具备流动测试导引流体和应急关断功能。
(13)水下测试树要求:
①温度压力满足井况要求。
②水下测试树系统具备水下关井、应急解脱、被剪切及剪切连续油管等功能。
③承压短节满足平台固定闸板要求。
④水下树的承压短节及剪切短节距离,满足同时关闭阀及剪切闸板要求。

9.6.3　管柱材质选择

（1）考虑硫化氢、二氧化碳及高温环境造成的剧烈腐蚀，可选用含镍、铬、钼的高镍（含镍 25％以上）合金钢。（参考雪佛龙标准）

（2）对于硫化氢含量高的流体，宜使用 BG80S/SS 级以上材质的抗硫化氢应力油管（其中："BG"表示宝钢非 API 系列，"S"表示普通抗硫，"SS"表示高抗硫）。

（3）环境温度和氯化物浓度对二氧化碳腐蚀影响极大，二氧化碳含量高的油气井应避免使用高碳钢。

（4）应考虑地层流体腐蚀、材料的高低温性能和耐压等因素，选择强度受温度影响小的管柱材质。

（5）水下测试树剪切短节材质应满足防喷器剪切闸板的剪切要求，（不写具体厂家）应符合 API 要求或具备相当材质。

9.6.4　管柱强度校核

（1）管柱的试压值应不低于预测长期关井井口压力值，稳压时间应不少于 15 min。

（2）应对各种工况下的管柱变形（伸长或缩短）进行计算，以选择合适长度的插入密封或伸缩节。计算内容应包括：温度效应、膨胀效应、活塞效应、弯曲效应等。

（3）应考虑油管的屈服强度、抗拉强度等力学性能及抗挤性能的温度效应。

（4）对设计的管柱应根据可能出现的极端恶劣工况进行管柱强度校核。安全系数宜按以下值选取（参考《高温高压测试标准》）：

① 抗拉，1.6～1.8。

② 抗外挤，1.125。

③ 抗内压，1.2。

（5）对于含硫油气井，管柱的许用拉应力应控制在钢材屈服强度的 60％以下。（SY/T 5087—2003《含硫油气井安全钻井推荐做法》）

9.6.5　测试参数的预测

根据海上测试管柱相关要求，分析总结相关高温高压测试资料，我们对海上高温高压测试管柱关键参数进行了相关预测，有利于指导海上设计的编写，主要预测参数为以下内容：

（1）最高井口关井压力预测。

（2）生产压差的确定。

（3）井口流动温度预测。

（4）天然气水合物生成条件的计算。

（5）冲蚀校核。

9.6.5.1　最高井口关井压力预测

求井口最高关井压力的问题，实际就是确定油管内气柱平均静压梯度，一旦把油管内气柱平均静压梯度找到，最高关井压力就获得了。

近年来，根据我们在南海西部地区的试油实践统计，得出高温高压井在井口关井时，测试管柱内的平均静压梯度为 1.80～2.00 MPa/100 m，主要集中在 1.85 MPa/100 m。

第二种方法是《钻井甲方手册》124 页推荐的井口关井压力公式：

$$p_G = 0.788\ 2 p_B$$

式中　p_G——井口关井压力（气顶压力）；

p_B——地层压力（气柱底部压力）。

第三种方法是四川川西北矿区推荐的最高关井压力近似公式：

$$p_G = \frac{p_B'}{e^{1.251 \times 10^{-4}} \gamma_g L}$$

式中　p_G——井口关井压力（气顶压力）；

p_B'——近似地层压力；

γ_g——天然气相对密度；

L——气层中部深度；

e——自然对数。

9.6.5.2　生产压差的确定

在高温高压气井测试过程中，生产压差（或测试压差）的大小，是测试成败的关键因素之一。生产压差过小，会造成：

（1）侵入地层中的钻井液固相微粒难以排除，达不到清除井壁附近污染的目的。

（2）使地层中的钻井液滤液难以排出。

（3）使相邻工作制度之间压差范围小，天然气产量变化小，由此建立的产能方程精度偏低，影响对储层的评价。

而生产压差过大，又可能造成：

（1）使井壁失稳、垮塌、地层出砂而导致测试失败。

（2）使井壁附近储层岩石永久性压密，再次造成应力污染。

（3）造成气体渗流的非线性效应严重，使得压力恢复资料所求得的地层渗透率值不能反映真实的地层参数。

为此，确定高温高压气井测试中的合理生产压差需要综合以下因素：

（1）从气流在井筒中携液能力的角度考虑。在钻井和完井过程中，都可能残留液体在地层，在气井的测试过程中，一开井的一个重要的作用就是要排除地层积液，因此，在设计生产压差时，必须考虑能在测试一开时，就将地层积液排出。

（2）从返排侵入地层中的钻井液固相颗粒角度考虑。在高温高压气井钻井过程中，钻井液侵入储层孔隙中，一些固相颗粒就脱离出来，堵塞储层渗流通道，降低储层渗透率。为此，在测试时，需要气流具有一定的速度，让钻井液固相颗粒返排出来，以减少储层伤害。

（3）气体渗流时，在孔隙周围产生附加压力降，易造成气堵，会影响测试数据分析的质量，造成分析结果的错误。

（4）从井壁稳定不出砂的角度考虑。生产压差越大，井眼周围岩石骨架应力越大，储层越容易破坏出砂。因此，在考虑合理生产压差时，必须考虑保护储层避免出砂的问题。从三方面考虑：一是从井壁岩石的坚固程度确定生产压差；二是从井壁岩石抗剪切强度确定生产压差，当生产压差是岩石剪切强度的 1.7 倍时，岩石开始破坏并出砂。国内外通过大量的分析计算表明,该方法预测准确度极高;三是从射孔孔道稳定性角度确定生产压差。

(5) 从清除射孔孔道残余物角度考虑。在施工中,通过严格控制井口压力来实现生产压差的控制,在设计阶段提高这方面的计算是很有必要的。

9.6.5.3 井口流动温度预测

计算测试管柱温度效应的变化,确保测试管柱的安全,防止井口温度过高或过低对井口设备性能造成影响。因此计算出测试求产时,产量与井口温度变化的关系就显得很重要。

四川西北矿区根据美国《深气井完井》的资料介绍,把该资料中提供的产层温度产量与井筒温度关系曲线拟合成下面的计算公式,并在实际施工中应用检验,理论计算与实际测得的值比较符合:

$$t_0' = (t - t_0)(1.212\ 95 \times 10^{-2Q} - 4.69\ 19 \times 10^{-5Q}) + t_0$$

式中　t_0——井口常年平均气温,℃;

　　　t_0'——产气量为 Q 时井口最高温度,℃;

　　　t——气层中部温度,℃;

　　　Q——测气时气产量。

从近年来实践情况看,这个公式在产干气条件下比较适用,如气中含水或凝析油时,其误差还是比较大的。

9.6.5.4 天然气水合物生成条件的计算

确定水合物形成压力和温度的方法有:

(1) 经验公式法,包括波诺马列夫法、二次多项式法。

(2) 图解法有 2 种:一种是按不同密度作出的天然气生成水合物的温度与压力关系曲线;另一种是判断天然气经过节流阀处是否形成水合物的节流曲线。

用上述方法可计算出:

(1) 油嘴管汇上游水合物生成的温度和压力值。

(2) 油嘴管汇下游水合物生成的压力和温度值。

(3) 油嘴管汇节流前后温度的变化值。

为了防止水合物的生成,在现场施工中,一般都采用锅炉加热的办法,使气流温度高于给定压力下水合物的生成温度,从而阻止水合物的生成。同时还在节流管汇的数据头上,安装一个化学注入泵,此泵的输出压力高于管汇中的气流压力,可直接向管内注入乙二醇等抑制剂,降低水合物生成的温度,当然在地层生产压差允许的情况下,也可通过调节口压力,使其低于井口流动温度下水合物生成的压力。

9.6.5.5 冲蚀校核

依据《含固相清井管线指南》并参考国内外冲蚀流速标准,选取固相含量较高时 35 m/s 的临界冲蚀速度进行校核:设计管柱最大放喷产量 225×10^4 m³/d。实际作业时根据除砂器中含砂量进行实际调整决定放喷产量。

API RP 14E 给出的预测流体冲蚀磨损的临界冲蚀流速为:

$$v_\epsilon = C / \rho_m^{0.5}$$

其中
$$\rho_{\mathrm{m}} = 3\,484.4\,\frac{\gamma_{\mathrm{g}}p}{ZT}$$

式中　ρ_{m}——混合物密度;

C——常数,$100\sim150$;

p——油管流压,MPa;

T——油管流温,K;

Z——压力 p 和温度 T 条件下的气体偏差系数;

γ_{g}——天然气相对密度。

世界上一些石油公司的实际标准如下:

(1) Nether-lands(荷兰)为 43 m/s。

(2) Australia(澳大利亚)为 35 m/s。

(3) Gulf of Mexico(墨西哥湾)为 38 m/s。

(4) 国内克拉 2 气田完井生产选择 35 m/s。

(5) 荷兰 SDP/334/91《含固相清井管线指南》(见表 9-2)。

表 9-2　荷兰 SDP/334/91《含固相清井管线指南》

固相含量/[g·(10^4 m³)$^{-1}$]	$0\sim160.2$	$160.2\sim304.3$	$320.4\sim464.5$	$480.6\sim624.7$	$640.7\sim784.9$	>800.9
最大允许气体速度/(m·s^{-1})	55	50	45	40	35	30

9.7　地面流程设计

高温高压井放喷期间,地面流程承受非常高的温度压力,测试流程会剧烈震动,因此安全的测试流程是保障高温高压井顺利测试的重要环节。通过南海西部多口高温高压井测试,海上控制流程的关键因素有以下几点:① 井口温度的控制,放喷期间保证井口温度不超过高压挠性软管、测试树等关键设备耐温参数的 80%;② 测试流程固定;③ 井口高压管线降温措施;④ 下游流程水合物防治措施。

9.7.1　地面流程的组成

(1) 测试地面流程设备包括以油嘴管汇为界的上游设备、下游设备及辅助设备。

(2) 上游设备包括但不限于地面测试树、地面安全阀、含砂探测装置、除砂器、化学注入装置及油嘴管汇等。

(3) 下游设备包括但不限于蒸汽换热器、三相分离器、密闭罐、平台固定油气分配管汇、平台固定油气管线及燃烧臂等。

(4) 地面流程辅助设备包括但不限于锅炉、压风机、输油泵、数据采集系统、喷淋冷却系统等。

9.7.2　地面流程的要求

9.7.2.1　地面流程的连接方案

(1) 预测井口压力超过 70 MPa,地面流程高压部分的连接宜采用金属密封;放喷期间控制井口温度不超过关键设备耐温等级的 80％。

（2）应配备紧急关井系统及数据自动采集系统。紧急关井系统控制点应不少于 4 个，宜设置在易操作的工作区、生活区和逃生通道等。

（3）测试分离器和油嘴管汇之间应加入高低压关断装置及配套的泄压装置和放空管线。

（4）油嘴管汇之前应有一条专用紧急放喷管线。

（5）建议设置 2 个油嘴管汇，节流降压宜采用地面油嘴管汇，油嘴宜使用固定式油嘴。

（6）油嘴管汇前应设有化学药剂注入、数据采集录入等接口。

9.7.2.2　地面流程的固定及接地

（1）地面流程设备及管线必须进行妥善的固定，加热炉、分离器、密闭罐及油嘴管汇等设备应摆放平稳，每侧至少应有一个固定点通过钢板或角钢与钻井装置甲板焊接固定。

（2）对于密闭罐等超高设备，在恶劣环境条件下应对不同液位的罐体进行稳定性分析，考虑使用斜拉绷绳加以固定。

（3）流动管线和连接弯头应摆平、垫稳，通过管子托垫和钻井装置甲板焊接固定，并用安全绳缠绕拉紧固定到甲板上焊接的固定点。

（4）软管采用安全绳固定。

（5）测试设备的静电接地应符合 SY 5984 标准。

9.7.2.3　地面流程的降温

（1）用温度枪连续监测井口油管、测试树、软管温度情况，并做好记录。

（2）对半潜式平台，测试期间通过增压管线在隔水管内循环测试液，降低 BOP 及油管温度。

（3）在测试树至油嘴管汇前高压管线上，铺设带孔消防喷淋管线，循环降温。

9.7.2.4　地面水合物防治

（1）放喷期间，在油嘴管汇前注入乙二醇。

（2）下游放喷管线通过锅炉蒸汽加热。

（3）采用喷淋海水方式升温。

9.7.3　紧急关断系统设计

（1）系统设计基本要求。

① 应至少具有地面测试树及地面安全阀 2 道安全屏障。

② 应具备在 20 s 以内完全关断地面流程的能力。

③ 具有手动（人工关断）和自动控制（自动关断）2 种功能。

（2）地面测试树流动端阀门和地面安全阀门应为失压关闭型闸板阀。

（3）地面流程压力容器类设备（如加热器、分离器及密闭罐等）除了自带安全泄压阀之外，宜安装高低压紧急泄压安全阀。

（4）典型的高温高压井地面测试流程图如图 9-1 所示。

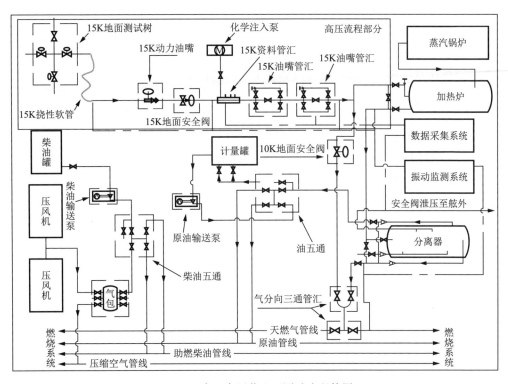

图 9-1　高温高压井地面测试流程简图

9.8　防砂设计

高温高压测试大多数为初探井,由于周围没有可参考的已钻井资料,所以缺少资料进行详细的出砂预测。在做高温高压测试设计时主要参考相邻地层资料,进行出砂分析。

通过前期高温高压已经测试井分析,最高生产压差 40 MPa,达到地层压力的 74% 均未出砂,见表 9-3。

表 9-3　高温高压测试井出砂情况分析

井　号	EG24-1-14	EG24-1-4	EG24-1-6	SL31-2-1
测试深度/m	2 933～2 963	2 906～2 912	2 852～2 865	3 870～3 887
层　位	黄流组	黄流组	黄流组	梅山组
地层压力/MPa	53.676	53.8	54.762	2.677
井底压力/MPa	24.089	14.238	18.361	38.453
按照声波计算生产压差				11.15～14.85
生产压差/MPa	29.587	39.562	36.401	34.224
测试结果	未出砂	未出砂	未出砂	未出砂

9.8.1　设计原则

（1）避免出砂或适度可控出砂。
（2）避免在高产条件下固相颗粒对井下工具和地面流程设备的冲蚀。

9.8.2　工艺设计

（1）宜采用下套管固井完井方式。
（2）宜在井下管柱中安装筛管。
（3）应控制诱喷及生产压差。
（4）设计足够的沉砂口袋。
（5）管柱设计时应考虑出砂影响。
（6）油嘴管汇上游安装含砂监测仪。
（7）地面流程安装除砂器。

9.9　井控设计

9.9.1　井控设计要求

井控设计应满足以下规范对井控的要求：
（1）《海上钻井作业井控规范》。
（2）《海洋钻井手册》。
（3）《勘探监督手册（测试分册）》。
（4）《高温高压测试作业指南》。

9.9.2　最大关井井口压力计算

根据以下公式计算最大关井压力：

$$p_{Whmax} = p_b / e^{0.000\,111\,549\gamma_g L}$$

式中　p_{Whmax}——井口关井压力（气顶压力）；

p_b——近似地层压力；

γ_g——天然气相对密度；

L——气层中部深度。

防喷器组及井口头的压力级别都要满足井控要求。

9.9.3　井控设备

（1）高温高压测试中的井控设备包括钻井井控设备和测试井控设备。半潜式平台测试时，视井下测试阀、水下测试树、防喷阀、井下安全阀、地面测试树、地面安全阀等为测试井控设备。

（2）防喷器的额定工作压力级别不能低于油气藏的原始压力，至少含有 3 个闸板、1 个剪切盲板和上下万能防喷器。防喷器及隔水管内径应满足测试作业的要求。闸板防喷器应能关闭除井下工具之外所有管柱，剪切闸板强度及操作压力能够剪切穿过闸板处的短节，闸板间的配长满足水下测试树配长的要求。

（3）测试管柱至少具备 2 道安全屏障。

（4）水下测试树应具备以下功能；

① 水下快速关断。

② 具备连续油管、钢丝剪切能力。

③ 具有备用解锁方式。

④ 回接功能。

为确保测试设备及测试流程安全，须安装应急关断系统，其控制点要求见表 9-4。

表 9-4　应急关断系统控制点要求

类　型	关断类型	数　量	推荐安装位置
地面流程	ESD	5	测试区域逃生路线 1 测试区域逃生路线 2 司钻房 油嘴管汇 锅炉房
水下测试树	ESD	2	水下测试树控制面板

9.9.4　测试作业井控措施及处理

9.9.4.1　井控措施

（1）确保防喷器压力等级大于地层最大压力。

（2）测试管柱尺寸在可变闸板范围内。

（3）经理论计算，剪切闸板能剪断坐落管柱剪切短接。

（4）水下测试树具备应急解脱、关井和剪切连续油管及电缆的能力。

（5）地面具有足够的加重钻井液及重晶石。

9.9.4.2　应急关井要求

在测试过程中，如果出现以下情况，需立即进行井下关井：

（1）测试环境中硫化氢含量高于 10 ppm。

（2）大气中二氧化硫含量连续 3 h 超过 1 ppm 或 24 h 超过 0.3 ppm。

（4）环境中可燃气体体积分数高于 10% 且持续 3 min 以上。

（5）测试流程中任何泄漏和压力突变。

（6）燃烧头故障或燃烧不充分。

（7）发现原油落海或甲板上发现原油。

（8）流动温度或压力超过地面测试设备等级或井控设备等级。

（9）预测的地面关井压力超过井控设备等级或地面测试设备等级。

（10）环境条件恶劣。

（11）靠船、台风或其他事件对人员、钻井装置、环境或井筒安全造成威胁。

9.10 油气层封隔设计

9.10.1 封隔依据

高温高压测试油气层封隔参照执行国家安监总局令第 25 号《海洋石油安全管理细则》及 Q/HS 2025—2010《海洋石油弃井规范》要求,以下为 Q/HS 2025—2010《海洋石油弃井规范》中与油气层封隔相关的内容。

9.10.1.1 永久弃井

(1) 套管井油气层封隔。

① 油气层层间封隔。自每组油气层底部以下不少于 30 m 向上注水泥塞,水泥返高不应少于射孔段以上 30 m,层间距较短时亦可在油气层射孔段顶部以上 15 m 内下桥塞、试压合格并倾倒水泥。

② 顶部油气层封堵。最上部油气层的水泥返高不应低于射孔段顶部以上 100 m,候凝、试压并探水泥塞顶面;或在最上部射孔段顶部以上 15 m 内下入桥塞、试压合格,并在桥塞上注长度不小于 100 m 的水泥塞。特殊井应在顶部射孔段以上 15 m 以内下入挤水泥封隔器、试压合格,采用试挤、间歇挤水泥的方法向油气层挤水泥,设计最小挤入量不应少于 15 m 长的井筒容积,最高挤入压力为该井段原始地层破裂压力。挤水泥结束后,在挤水泥封隔器上注长度不小于 50 m 的水泥塞。

(2) 裸眼井或筛管井油气层封隔。

① 油气层层间封隔。用水泥塞封堵裸眼井段或封隔裸眼筛管井段的油、气、水渗透层之间流动通道,单个水泥塞长度不应小于 50 m。用水泥塞封堵油、气、水层时,应自所封堵油、气、水层底部 30 m 以下向上覆盖至所封堵层顶以上不少于 50 m。

② 顶部油气层封堵。在裸眼上层套管鞋或筛管顶部封隔器以下 30 m 附近,应向上注一长度不小于 100 m 的水泥塞,候凝、探水泥塞顶面并试压合格。特殊井应在裸眼上层套管鞋或筛管顶部封隔器以上 30 m 内坐封一只挤水泥封隔器,试压合格,采用试挤、间歇挤水泥的方法向油气层挤水泥,设计最小挤入量不应少于 30 m 的井筒容积,最高挤入压力为该井段原始地层破裂压力。挤水泥结束后,在挤水泥封隔器上注长度不小于 100 m 的水泥塞。

9.10.1.2 临时弃井

(1) 套管井油气层封隔。

① 应在每组射孔段顶部以上 15 m 内下可钻桥塞倾倒水泥或注水泥塞封隔油气层。顶部油气层以上 15 m 内应下桥塞、试压合格并在其上注长度不小于 30 m 的水泥塞,或注不少于 50 m 水泥塞,候凝、探水泥塞顶面并试压合格。

② 天然气井、含腐蚀性流体的井或地层孔隙压力当量密度高于 1.30 g/cm³ 的其他井(以下简称为"特殊井"),油气层间用注水泥封隔时水泥塞长度不应小于 30 m,用桥塞进行封隔时桥塞顶部应倾倒水泥,顶部油气层以上 15 m 内应下可钻桥塞、试压合格并在桥塞上注长度不小于 50 m 的水泥塞。

③ 在尾管悬挂器、分级箍以下约 30 m 处向上注一个长度不小于 60 m 的水泥塞,候凝

并探水泥塞顶面。

④ 在表层套管鞋深度附近的内层套管内或环空有良好水泥封固处向上注一个长度不小于 50 m 的水泥塞(特殊井此处水泥塞长度不应小于 100 m),候凝并探水泥塞顶面。

⑤ 在水面以上保留井口时,完成最后一个弃井水泥塞作业后,应在水泥塞以上采取防腐、防冻措施;在水面以下保留井口时,应装好井口帽或泥线悬挂器的防护帽,根据需要可采取防腐、防水合物等措施。

⑥ 按当地政府主管部门要求设置井口标志物和安全保护设施。井口标志物应符合 GB 12708,CB 767,CB/T 876,SY/T 6632 的要求。

⑦ 临时弃井结束,按政府主管部门要求提交资料备案。

(2)裸眼井或筛管井油气层封隔。

① 在裸眼井段或筛管内充填保护油气层的完井液。

② 在裸眼上层套管鞋或筛管顶部封隔器以上 30 m 内坐封一只可钻桥塞并试压合格,在桥塞上注长度不小于 30 m 的水泥塞。特殊井在桥塞上所注水泥塞长度不应小于 50 m。候凝、试压并探水泥塞顶面。

③ 在表层套管鞋深度附近的内层套管内或环空有良好水泥封固处向上注一个长度不小于 50 m 的水泥塞。特殊井应在此位置坐封一只可钻桥塞,试压合格并在其上注长度不小于 100 m 的水泥塞。

④ 后续按"套管井油气层封隔"中第⑤⑥⑦条的要求完成作业。

9.10.2　作业程序

对于单层测试井的油气层封隔若按临时弃井处理,参照以下程序:

(1)确认井下测试工具正常,录取压力数据有效,按设计要求电缆下入桥塞(水泥承留器)进行封层作业。

(2)选择距测试层 20~30 m,避开套管接箍作为桥塞的坐封位置,定位桥塞坐封位置,确认无误后点火坐封桥塞。

(3)起出电缆下桥塞工具。

(4)关闭防喷器盲板。

(5)根据设计要求对桥塞试压,15 min 稳压合格。

(6)组合并下入固井管柱下探桥塞,当遇阻达 5 000 lbf 时,上提管柱到安全位置,记录下桥塞顶部深度。

(7)在桥塞顶部注一个长度不小于 100 m 的水泥塞。

(8)候凝,探塞,按规定试压至合格。

(9)起钻,技术套管内表层套管鞋以下位置处,注一个长度不小于 100 m 的悬空水泥塞。

(10)候凝,根据设计要求决定是否探水泥塞面并试压。

(11)将工具起出转盘面移交后续作业。

9.11　风险分析及对策

高温高压测试作业非常复杂,风险较大,一旦发生风险,后果严重,所以必须具备各种应急预案。

9.11.1　点火失败

(1)原因:点火头失效,断爆、加压速度过慢,点火头被埋,管柱内有工具未打开。

(2)预防措施:选择耐高温的点火头,作业前落实销钉计算和安装;使用双点火头;确保管柱通径,落实管柱内无直角台阶,确保加压流程无误,确保固井泵加压速度;按照测试液设计充分调整测试液至符合性能要求,点火头上部使用防碎屑接头;下入水下测试树时做好功能试验,做好控制管线压力监测;严格按照 DST 工程师要求操作测试阀,确保测试阀打开。

9.11.2　射孔损坏管柱

(1)原因:减震器材配置不合理、射孔枪离工具太近、设计有误、药量过大、工具耐压抗震能力不足。

(2)预防措施:要求相关人员慎重做好射孔设计,射孔管柱按经过实践检验的配重、减震配置射孔枪及复合火药量;确保井下工具工作压力为 15 000 psi,电子压力计具有相应抗震级别。

9.11.3　测试阀打不开

(1)原因:测试液性能出现问题,测试阀保养不到位,使用了锈蚀的油管或套管。

(2)预防措施:确保管柱通径,入井工具、钻铤、油管每根冲洗干净;按照测试液设计充分调整测试液至符合性能要求,测试阀操作压力设定较高值,钻井泵加压时间要求在 20 s 以内;作业前落实井底温度,确保销钉及氮气压力设置正确;使用测试阀试压时压力由低到高,确保不损坏;如有条件可使用 RD 旁通试压阀进行试压。

9.11.4　测试管柱泄漏

(1)测试管柱泄漏的预防措施。

① 采用金属密封气密扣油管。

② 采用适当措施使开关井期间测试管柱受力最小。

下入过程和开井前对整个管柱进行试压,试压合格后方能开井。

(2)应急处理措施。

① 水下树以下管柱泄漏,关闭测试阀,打开循环阀压井,与基地讨论下步措施。

② 水下树以上管柱泄漏,关闭测试阀,放空测试管柱内压力,管柱内替入诱喷液垫,脱手水下测试树,起出上部管柱,更换泄漏部分,重新下入水下树回接至脱手部分,继续测试。

9.11.5　地面管线泄漏

(1)测试过程中,地面管线泄漏的预防措施。

① 对有出砂风险的井,地面设置除砂器,减少出砂对管线的冲蚀破坏。

② 开井前对整个流程阀门、设备进行逐个试压。

③ 流程中设计超低压报警关断装置,管线泄漏压力过低会自动关断。

④ 流程中设计多处应急关断按钮。

(2) 应急处理措施。

① 发现泄漏后,从能控制的任何位置第一时间关井:井下测试阀、水下树、承留阀、防喷阀、地面测试树、应急关断和油嘴管汇。

② 若需要继续开井,更换泄漏位置后,继续开井。

9.11.6 封隔器失封

(1) 原因:配重不够,套管壁有脏物,卡瓦和水力锚失效,压差过大导致密封失效,地层流体腐蚀性超过工具承受能力。

(2) 预防措施:根据 DST 工程师要求配备足够钻铤;清刮套管时对坐封位置、尾管挂重点操作,压井液循环洗井及调整测试液性能时开增压泵,返出经振动筛并检查有无异物;检查和使用新的卡瓦和水力锚、密封圈;开井期间根据检测到的地层流体 CO_2 和 H_2S 含量,尽量减少测试时间;关井期间确保 BOP 关闭,相关人员值班,通讯畅通。

9.11.7 地层出砂

(1) 测试过程中地层严重出砂的预防措施。

① 实际钻进时留足够的沉砂口袋。

② 根据前期相同储层砂岩粒度情况对比,优化筛管挡砂精度,钻进至目的层时,根据实钻情况适时调整防砂参数,在测试管柱中下入合适的筛管。

③ 统筹考虑放喷产量及出砂量,选择合适的生产压差。

④ 地面设备中安装有除砂器,密切关注出砂量。

⑤ 地面流程中有出砂监测系统实时监测。

(2) 应急处理措施。

测试管柱中设计机械脱手工具,若砂埋严重无法起出,机械脱手起出上部管柱。

9.11.8 封隔器插入不到位

(1) 可能的原因。

① 井筒不干净。

② 插入密封下部密封圈变形。

③ 封隔器下部憋压。

(2) 预防措施。

① 刮管洗井期间,返出液过细目振动筛布。

② 工具入井前,仔细检查记录好工具内外径尺寸,确保工具完好才能入井。

③ 插入过程中确保封隔器上下能够连通,不憋压。

(3) 应急处理措施。

若多次尝试仍无法插入,起出与基地商讨下步方案。

9.11.9　测试液沉淀、井下落物

预防措施：

（1）作业前确保选择的测试液已经过严格的热稳定性实验。

（2）刮管洗井期间，调整测试液性能确保达到设计要求。

（3）测试期间，时刻做好井口保护。

（4）在取全取准资料的前提下，尽量缩短作业时间，减少测试液静止时间。

9.11.10　弃井水泥塞"灌香肠"、水泥塞上顶

（1）可能的原因。

① 水泥配方设计存在问题。

② 注水泥操作存在问题。

（2）预防措施。

① 根据测试期间温度，重新复核水泥浆体系配方。

② 多人检查注水泥设计，确保水泥量、顶替量计算正确。

③ 注完水泥塞后，根据实际情况进行循环候凝。

④ 准备好桥塞，若发现水泥塞上顶情况，及时下桥塞封隔地层。

第10章　高温高压气井测试应用实践

10.1　高温高压井测试流程仿真计算与管理系统

针对海上高温、高压、高产气井测试工艺要求,根据模拟实验和理论分析成果,结合现场测试参数分析,研制一套高温高压井测试模拟仿真系统。本系统能够根据测试设计方案,动态显示各环节工具和参数变化情况、风险等级;对各种测试参数进行设计和模拟验算,确定合理的测试设计参数;利用井下地层及流体参数特性,预测和显示产量、温度、压力、处理剂等对水合物生成的影响,为测试工具选择、测试工艺确定、测试产量及压力控制提供可靠依据,最终确保测试过程中井下工具、测试管柱、套管、井口安全,获得准确的地层数据。

10.1.1　系统设计目标和功能

10.1.1.1　系统设计目标

本系统是针对海上高温、高压、高产气井测试中存在的关键问题,根据模拟实验、理论分析、现场基本数据分析和测试施工工艺参数分析,建立测试期间井筒温度/压力场计算方法、测试期间水合物预测及预防方法、测试管柱优化与强度校核方法、井筒安全性分析方法、储层出砂评价方法、测试工作制度优选方法,并在此基础上编制的测试系统安全分析与操作规程,为测试工具选择、测试工艺确定、测试产量及压力控制提供可靠依据,最终确保测试过程中井下工具、测试管柱、套管、井口安全,获得准确的地层数据,实现测试设计及管理的信息化。

10.1.1.2　系统功能设计

用户通过登录模块进入系统主操作模块,进行相应的操作。用户的用户名(ID唯一)和相应的密码对应。管理人员通过用户管理模块可方便地对用户相关数据进行维护。

用户进入主操作界面(见图10-1)后可以对高温高压井相关测试信息进行维护。可以通过该模块对测试的基本资料,包括国家企业相关标准、人员信息和设备信息进行增、删、改操作。当用户在进行钻井工程设计时,可以通过资料查询,查询相应的测试施工资料及相关依据规范。

图 10-1　系统主界面

10.1.2　系统功能模块设计

本软件系统主要分为：① 系统管理模块；② 高温高压井信息管理模块；③ 高温高压井测试设计模块；④ 测试安全分析模块；⑤ 测试流程仿真系统模块。其中，高温高压井信息管理模块又具体分为高温高压井信息、行业标准查询、工具材料管理和测试专家资料四大部分。具体模块功能如下：

10.1.2.1　系统管理模块

系统管理模块中用户登录的作用是判断使用本程序的用户是否是合法用户。在程序进入用户登录程序时要求输入用户 ID 及密码，如果密码正确程序继续执行。当密码错误输入的次数超过设定次数时，给出提示程序退出，这样就防止非法用户对本系统的使用。

系统管理模块建立于用户数据库基础之上，是管理人员管理用户信息的管理界面，如图10-2 所示，主要功能包括：

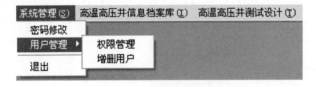

图 10-2　系统管理主要功能

① 密码修改：可对本用户密码进行修改操作。

② 控制用户操作权限：管理员可对非管理员用户进行操作权限设置操作。

③ 增加用户：增加用户 ID、口令等。

④ 删除用户：删除用户 ID、口令等。

10.1.2.2　高温高压井信息管理模块

该模块实现对高温高压油气井的测试信息进行资料管理操作,方便查询及为其他高温高压井的测试设计提供可靠方案和借鉴的功能,实现高温高压测试资料的信息化管理。本模块又具体分为高温高压井信息、行业标准查询、工具材料管理和测试专家资料四大部分。

（1）高温高压井信息模块。

该模块主要实现对高温高压井测试信息的信息化管理功能,将以往的高温高压油气井的测试信息进行数字化管理,用户可以借鉴以往资料设计添加新的高温高压油气井测试信息,界面如图 10-3 所示。

图 10-3　高温高压井信息模块内容界面

高温高压井信息包括和测试相关的地质信息、钻井信息、完井信息和详细的测试设计信息,界面如图 10-4 所示。

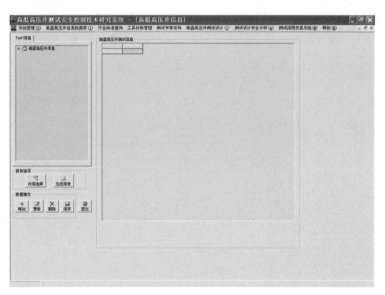

图 10-4　高温高压井测试信息界面

地质信息部分,用户可以上传地质信息的文本文档,字数不限;钻井信息部分包括钻井过程描述、钻井过程中复杂情况描述、井斜方位描述和井径描述;完井信息包括套管程序和套管的主要参数。高温高井信息界面如图 10-5 所示。测试部分为详细部分,包括基本数据、概要及技术规范,测试管理,简明测试作业程序,测试前的准备,详细的测试作业程序,应急作业程序,健康、安全和环境保护要求,管理结构,地面流程图,测试管柱图和设备、材料清单,界面如图 10-6 所示。

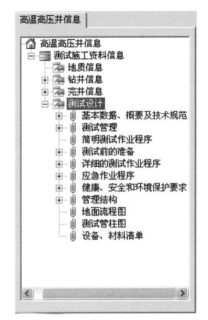

图 10-5　高温高压信息井界面　　　　图 10-6　详细测试内容界面

为了方便用户,该模块可以选择性地生成 Word 报告,用户点击报告选项中的 内容选择 按钮,系统信息的树形结构中出现复选框,用户根据需要,选择需要的高温高压油气井信息内容,点击 生成报告 ,即可生成相应的报告。界面如图 10-7 所示。

图 10-7　生成相应报告界面

（2）行业标准查询模块

行业标准查询模块实现了对相关国家标准进行查询和添加的功能,分为国家标准、企业标准和行业标准,其中企业标准分为中海油、中石油和中石化标准,行业标准分为强制和非强制标准。点击相应内容，调出相应的 PDF 格式国家行业标准，界面如图 10-8 所示，规范添加功能如图 10-9 所示。

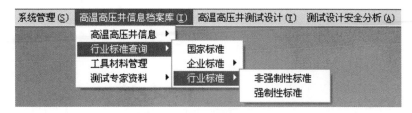

图 10-8　行业标准查询界面

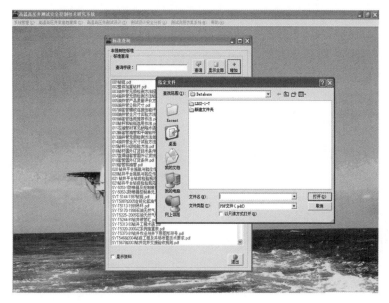

图 10-9　规范添加功能

（3）工具材料管理。

工具材料管理模块分为井下部分和地面部分两大类。井下部分包括油管、封隔器、测试阀等，地面部分分为节流阀、节流管汇、分离器等。分别实现对相应工具材料信息情况的管理，并能对相应的数据进行查询、修改、删除等操作，实现信息化管理。界面如图 10-10 所示。

（4）测试专家资料模块。

测试专家资料模块分为测试专家和高温高压测试专家 2 个类别。测试专家部分实现对本人的自然信息、技术职称、技术岗位、海上工作时间、高温高压井工作时间及井次等情况进行录入，并能对输入的数据进行查询、修改、删除等操作，如图 10-11 所示。

高温高压测试专家部分实现对本人的自然信息、文化程度、技术岗位、海上工作时间、高温高压井工作时间、已完成高温高压井井名及数量等情况进行录入，并能对输入的数据进行查询、修改、删除等操作，如图 10-12 所示。

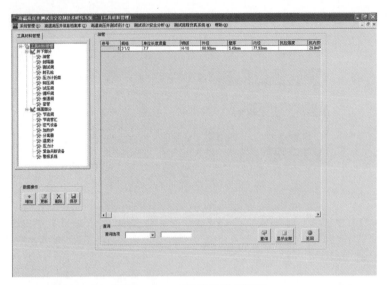

图 10-10　工具材料管理界面

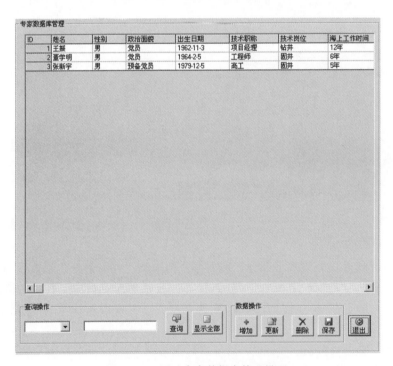

图 10-11　测试专家数据库管理界面

10.1.3　高温高压井测试设计模块

高温高压井测试设计模块是为高温高压井的测试设计提供可靠计算数据的模块,该模块通过对现场数据的分析,计算出测试设计所需的相关数据,其内容包括测试井筒温度场压力场预测、套管系统安全分析、测试管柱安全分析、测试地层出砂预测和测试流程优化设计五部分,如图 10-13 所示。

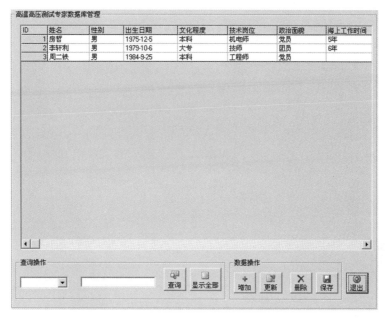

图 10-12　高温高压测试专家数据库管理界面

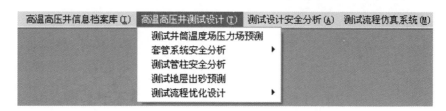

图 10-13　高温高压井测试设计内容

10.1.3.1　测试井筒温度场压力场预测

测试不同阶段,井筒的温度变化较大,影响水合物的形成、油管变形、套管安全、井下工具寿命等,流动压差过大会引起地层出砂和产层套管挤毁。测试井筒温度场压力场预测部分实现了对井筒的温度和压力的预测,为安全测试提供参考依据。如图 10-14 所示,输入相应的基本数据,包括油气物性、产量及油管相应数据,预测得出温度和压力随井段变化的趋势,结果如图 10-15、图 10-16 所示。

基本数据		
天然气相对密度	0.608	
原油密度 kg/m3	795	
水密度 kg/m3	1020	
地层水热容J/kg.K	4220	
天然气热容J/kg.K	4200	
井深 m	4900	
井底压力 Mpa	46.57	
气体压缩因子	0.9	

产量数据	
产气量 m3/d	289572
产油量 m3/d	72.393
产水量 m3/d	4.3
油管外径 m	0.073
套管内径 m	0.1658
水泥环外径 m	0.2078

其他相关数据	
套管外径 m	0.1778
油管内径 m	0.062
地层传热系数 W/K.M	2.219
地表温度℃	25
地温梯度℃	0.0226
井底温度℃	134.4

图 10-14　基本数据输入

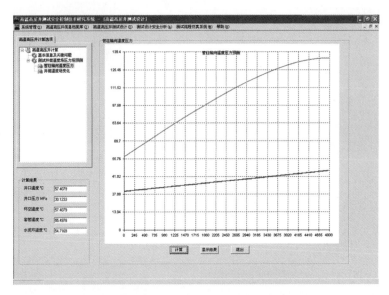

图 10-15　管柱轴向温度和压力预测

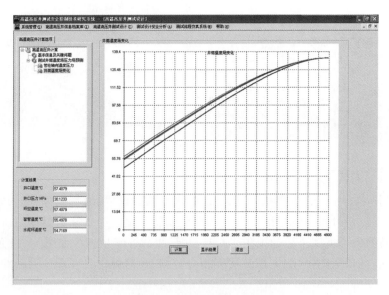

图 10-16　井筒温度场变化

10.1.3.2　套管系统安全分析

套管磨损和固井质量差使套管强度降低,套管内液体替换引起温度和压力变化,放喷期间井筒温度大幅度上升,这些变化引起套管温度应力和环空附加压力,使套管强度和变形量过大引起失效,生产压差过大会引起产层射孔段套管挤毁,这些都影响了套管系统的安全性。该模块分为井深结构、温度场、套管附加载荷和泥线以上温度四部分,如图 10-17、图10-18 和图 10-19 所示。

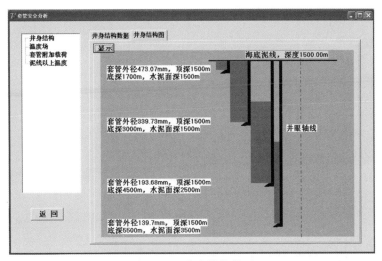

图 10-17　井身结构界面

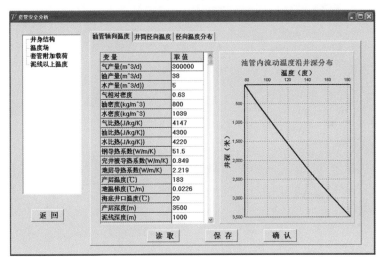

图 10-18　油管内温度场分布

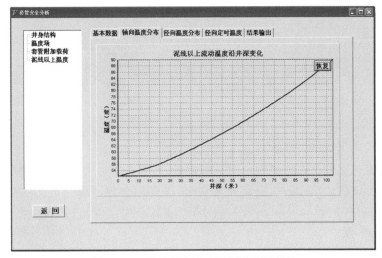

图 10-19　泥线以上流动温度沿井深变化

10.1.3.3　测试管柱安全分析

合理的测试管柱,是保证测试顺利进行的最关键工具。测试管柱直接与地层流体接触,温度变化大,压力作用直接,工作条件最恶劣,所以对管柱轴向变形量、弯曲变形以及密封性的要求更高。该模块通过管柱基本数据的输入,计算管串下入工况、加压射孔工况、开井防喷工况和关井求压工况下套管相应的安全内容,如图 10-20、图 10-21 所示。

图 10-20　基本数据录入

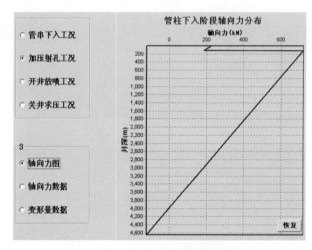

图 10-21　计算结果显示

10.1.3.4　测试地层出砂预测

高温高压井测试期间必须严格控制地层出砂,否则会造成管线刺漏、阀件失效、管路堵塞等严重后果。该模块利用研究区块测井资料,计算出储层出砂指数,方法包括声波时差法、组合模量法和 Schlumberger 出砂指数法,判断各个储层的出砂可能性,找出易出砂储层,如图 10-22 所示。

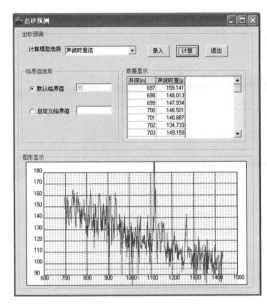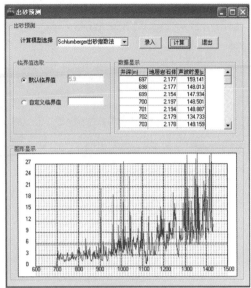

图 10-22　声波时差法和 Schlumberger 出砂指数法计算界面

10.1.4　测试设计安全分析模块

高温高压井在测试过程中,存在诸多危险源以及人员误操作的可能性,特别对于海洋平台来说,由于作业环境所限,更要求监督管理和操作人员能明确工艺危险源和风险控制措施。为了能更好地方便现场人员实现危险源的辨识和明确应急措施,开发了高温高压井测试风险评估模块,可以很好地适用于平台现场应用。

高温高压井测试风险评估模块能够提供测试设备以及井场设备的 HAZOP 安全分析结果,指导现场人员在发生故障时寻找可能的故障原因以及相应的处理措施;生成测试设备以及井场设备的安全评价报告,为高温高压井生产过程中的设备安全分析提供指导和帮助。

高温高压油气井 HAZOP 安全分析包括以下几个子模块:

(1)测试设备 HAZOP 安全分析模块。提供测试设备的 HAZOP 安全分析结果,测试设备的故障形式、故障原因以及相应的处理措施建议,为现场操作人员提供指导,安全分析界面如图 10-23 所示。

(2)井场设备 HAZOP 安全分析模块。提供井场设备的 HAZOP 安全分析结果,井口主要设备的故障形式、故障原因以及相应的处理措施建议,为现场操作人员提供指导,安全分析界面如图 10-24 所示。

(3)数据管理模块。实现高温高压油气井 HAZOP 安全分析数据库内容的树形浏览以及 HAZOP 安全分报告的生成和打印,具体如图 10-25、图 10-26 所示。

10.1.5　测试流程仿真模块

理论分析、设备选择和参数优化结果,只能通过数字和名称反映,无法直观了解。改变参数和工具后,整个系统的变化过程也不直观。为了能够把整个测试过程中各工具动作、各参数对系统的影响直观地展现出来,需要编制相应仿真软件。该模块能够实现动态显示各环节工具和参数变化情况,能够对各种测试参数进行模拟验算;利用井下地层及流体参数特性,预测水合物生成的条件范围(产量、温度、压力、处理剂等参数之间的关系),如图 10-27 所示。

图 10-23　测试设备 HAZOP 安全分析界面

图 10-24　单个井场设备 HAZOP 安全分析界面

图 10-25 数据管理界面

分析节点	测试液					
节点功能	保持测试压差，平衡地层压力，携带地层物质至井口，压井；					
序号	设备	部件	偏差	原因	后果	风险等级	控制措施
1	测试液		沉淀	固相含量高，比重不均匀，耐高温性能差；	堵塞循环通道，造成循环不通，无法操作工具，使作业失败，造成井下事故；	严重	使用高孔目筛布，充分循环均匀，使用耐高温的成熟配方，调整性能满足设计要求；
			结晶、分解	配方不合理，耐高温性能差；	产物堵塞流道，造成井下或地面管汇堵塞，无法求产或压井等作业，或产生有毒气体伤害人员；	严重	使用耐高温的成熟配方和体系，确保试验结果真实，做好探测等防护预防措施；
			密度偏低	泥浆池富液，配方不合理，人员操作失误；	耽误作业时间，损失测试液，使井筒达不到经过核验的安全条件；	灾难性	作业前检查泥浆池阀门及隔离状况，倒好流程后复查，使用经过审查和成熟的配方。

图 10-26 HAZOP 安全分析报告生成界面

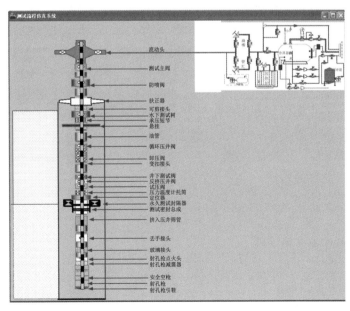

图 10-27 仿真模拟界面

10.2 高温高压气井测试技术在南海西部的应用实践

南海西部在不断总结、不断探索中,集思广益,勇于创新,延续成熟的技术,应用一批新技术,保证了高温高压气井测试技术在现场多次成功应用,成功测试了 EG24-1-14 井、EG24-1-4 井、EG24-1-6 井等多口高温高压探井,在保证没有人员伤亡事故、重大责任事故、环境污染事故的前提下,取得了重大突破,首次实现了高温高压井的高产,开创了南海西部高温高压井作业新的里程碑,为南海西部天然气勘探打开了新局面,为探索南海大气区带来了希望。

下面介绍高温高压气井测试技术在 EG24-1-4 井的应用。EG24-1-4 井是位于莺歌海盆地 EG24-1 气田的一口评价井,钻探目的层是黄流组,目的层段主要为灰色泥质粉砂岩、浅灰色细砂岩。目的层井段尺寸 ϕ149.225 mm,由于常规测试工具的尺寸限制无法满足小井眼测试要求,经研究采用裸眼复合射孔,求取地层产能。该井裸眼井段深度为 2 897~3 000 m,采用 Duratherm 钻井液体系,密度为 1.98 g/cm³,裸眼射孔层段为 2 906~2 912 m。

10.2.1 高温高压井裸眼测试风险

高温高压井裸眼测试存在以下风险:

(1) EG24-1-4 井温度、压力高,对测试工具要求高。井下温度高达 138 ℃,钻井过程中最大采用密度为 1.98 g/cm³ 的钻井液平衡地层,常规的测试工具温度压力等级均不能满足要求。

(2) 裸眼井壁容易坍塌。目的层段解释为低孔低渗贫气层,为了改善地层物性,采用下入外套式复合射孔枪对测试层段进行射孔及压裂(代替水力压裂),在复合射孔枪火药燃烧瞬间产生最大压力为 79 MPa 左右,易造成裸眼段的垮塌,有埋管柱的风险。

(3) 点火失败的风险。裸眼井段射孔枪点火问题。由于裸眼测试无法采用常规的压力点火方式,只能选择投棒点火,但是 1.98 g/cm³ 的钻井液里面重晶石含量高,在开井后,测试液垫与测试液接触处极易造成重晶石沉淀,沉淀的重晶石堆积在点火头上,易导致投棒点火失败。

(4) 井筒清洁难度大及测试液性能要求高。钻井液密度高,高温高压井在钻井转试油接井后,与钻井时井筒内始终保持循环不同,如果井壁上的滤饼没有刮干净,因试油过程中环空测试液静止不动,滤饼及重晶石会沉淀,若沉淀较多,会掩埋测试管柱而卡钻。高密度测试液长期静止容易导致测试液传压性能不好,将导致工具不能正常动作,不能正常开井、关井测试及压井。

(5) 此次测试采用永久式封隔器,在插入密封进入永久式封隔器密封筒时,环空憋压易造成测试管柱下不到位的风险。

10.2.2 高温高压井裸眼测试工艺

10.2.2.1 测试前井筒处理

测试前下入刮管器通井至顺畅,循环调整测试液性能,主要保证测试液在井筒内静止 7 d 以上不沉淀。井筒内测试液性能:密度 1.98~1.99 g/cm³,漏斗黏度 60~65 s,YP(动切力)15~20 Pa,10 min 切力 14~15 Pa。在循环结束前,取调整好的测试液常温和水浴 (97 ℃)下定期观察和检测性能。

10.2.2.2　测试管柱分析

（1）测试管柱优化。考虑到此次测试液密度采用$1.98\sim1.99$ g/cm³，为避免测试液沉淀掩埋管柱，用永久式封隔器代替常规的 RTTS 封隔器，下入测试管柱前，用电缆下入永久式封隔器，永久式封隔器能够满足插入密封插入到位后，承受地层较大压差。针对常规测试管柱外径大的问题，采用外径小的设备来代替，常规的内置式压力计托筒外径为 146 mm，内径 54 mm，此次采用外挂式压力计托筒外径为 127.5 mm，内径50 mm。裸眼测试管柱结构如图 10-28 所示。

（2）机械点火头丢枪装置下部管柱需满足在1.98 g/cm³ 测试液里自动释放的重量要求，本次射孔段长度较短，实际只需要 2 根枪即可满足装射孔弹要求，为了满足自动释放最低重量在下部多增加几根空枪，在点火的瞬间销钉剪切，自动释放裸眼段内部的射孔枪，避免裸眼段垮塌掩埋管柱。

（3）配制了漏斗黏度 $55\sim60$ s 的胶液作为隔离液，在测试阀上部灌入 150 m，有效防止了海水液垫与测试阀下测试液混合产生沉淀，保证了投棒点火成功。

（4）考虑到在深井及高温情况下，测试管柱会伸缩，插入密封必须进入永久式封隔器下部密封筒内部一定长度，测试管柱下入过程中测试阀处于关闭状态，在插入密封进入永久式封隔器密封筒后，管柱下放会压缩封隔器以下裸眼段内的测试液，导致环空憋压，若继续向下插入会导致环空压力升高，憋漏裸眼段地层。此时只能考虑泄掉裸眼段内的压力后继续向下插入，分析这种情况只能关闭万能 BOP，环空加压打开测试阀，通过油嘴管汇来控制裸眼段压力，保证插入到位。

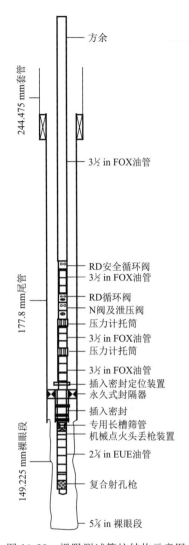

图 10-28　裸眼测试管柱结构示意图

10.2.3　高温高压井裸眼测试现场作业

该次测试取得了完整的两开一关压力曲线。根据对关井双对数曲线的拟合分析：地层压力系数为 1.918，实测点地层温度为 137.76 ℃（测点井深为 2 849.57 m）。具体测试结果见表 10-1。

表 10-1　2 口井的测试结果

井　号	EG24-1-14	EG24-1-4
测试时间	2010 年 1 月	2011 年 5 月
测试方式	7 in 套管射孔测试	5⅞ in 裸眼复合射孔测试

井　号	EG24-1-14	EG24-1-4
测试层位	黄流组	黄流组
目的层压力	7 900 psi,压力系数 1.89	7 940 psi,压力系数 1.92
油嘴尺寸	2 口井油嘴尺寸一致	
测试产量	气:473 m³/d; 水:18.5 m³/d	气:70 186 m³/d; 水:14 m³/d

对比测试结果发现,同样采用同一尺寸油嘴制度下求产,水产量基本相当,但是 EG24-1-14 井产气量是 473 m³/d,而 EG24-1-4 井采用裸眼复合射孔测试求得的产气量是 70 186 m³/d。 另外,EG24-1-4 井用 ϕ9.53 mm 油嘴求得的产气量是 83 605 m³/d。

参 考 文 献

[1] 谢玉洪,张勇,黄凯文.莺琼盆地高温高压钻井技术[M].北京:石油工业出版社,2016.

[2] 董星亮,曹式敬,唐海雄,等.海洋钻井手册[M].北京:石油工业出版社,2011.

[3] 董星亮.南海西部高温高压井测试技术现状及展望[J].石油钻采工艺,2016,38(6):723-729.

[4] 姜伟,邓建明,范白涛,等.海上油气田防砂设计[M].北京:石油工业出版社,2014.

[5] 赵启彬,刘振江,王尔钧.海上高温高压井测试工艺优化研究[J].钻采工艺,2015,38(1):32-34.

[6] 海上油气田完井手册编写组.海上油气田完井手册[M].北京:石油工业出版社,1998.

[7] 梁明熙.海上高温高压井测试技术[J].天然气工业,1999,19(1):76-79.

[8] 万仁溥.现代完井工程[M].3版.北京:石油工业出版社,2008.

[9] 李中.南海高温高压钻井液技术[M].北京:科学出版社,2016.

[10] 戚斌,龙刚,熊昕东.高温高压气井完井技术[M].北京:中国石化出版社,2011.

[11] 康露.海上测试管柱决策软件开发[D].成都:西南石油大学,2015.

[12] 吴木旺.复合射孔与DST联作技术在海上探井测试中的应用[J].石油钻采工艺,2007,29(6):102-104.

[13] 路保平,等.深水钻井关键技术与装备[M].北京:中国石化出版社,2014.

[14] 陈平,王尔钧,高宝奎,等.海上高温高压井测试井筒安全性研究[J].钻采工艺,2012,35(4):104-106.

[15] 李中.高温高压井测试井筒安全性分析分析研究[D].青岛:中国石油大学(华东),2011.

[16] 李中,杨进,王尔钧.高温高压气井测试期间水合物防治技术研究[J].油气井测试,2011,20(1):35-37.

[17] 李中,杨进,陈光劲,等.高温高压井测试水合物预测分析[J],石油天然气学报,2010(1):354-355.

[18] 刘晓兰.深水钻井井筒内天然气水合物形成机理及预防研究[D].青岛:中国石油大学(华东),2008.

[19] 马晨洮.高温高压深井测试管柱受力分析[D].成都:西南石油大学,2014.

[20] 中国石油化工股份有限公司青岛安全工程研究院.HAZOP分析指南[M].北京:中

国石化出版社,2010.

[21] 李相方,等.高温高压气井测试技术[M].北京:石油工业出版社,2007.

[22] 梁谡,姚宝恒,曲有杰,等.水下生产系统测试技术综述[J].中国测试,2012,38(1):38-40.

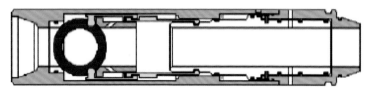

彩图 1　RD 旁通试压阀结构示意图

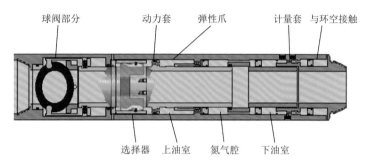

彩图 2　选择性测试阀结构示意图

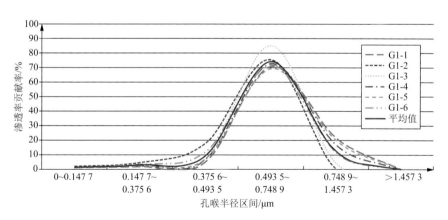

彩图 3　EG24-1-2 井黄流组Ⅰ段不同孔喉直径区间渗透率贡献率

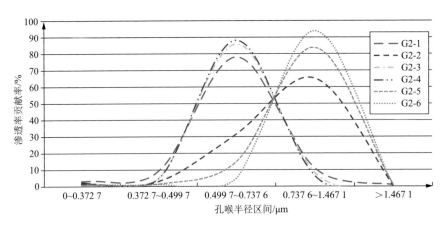

彩图 4　EG24-1-2 井黄流组 IV 段不同孔喉直径区间渗透率贡献率

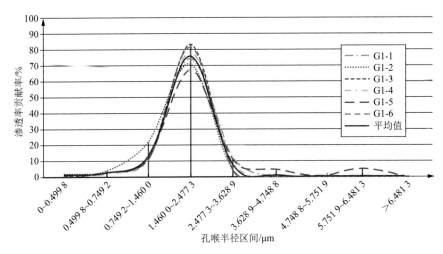

彩图 5　EG24-1-4 井黄流组 I 段不同孔喉直径区间渗透率贡献率

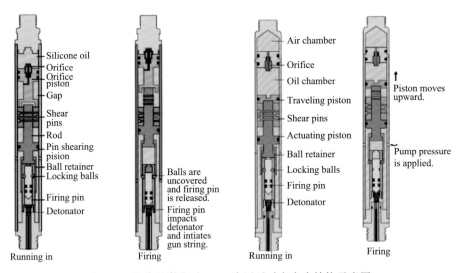

彩图 6　斯伦贝谢公司 eFire 液压延时点火头结构示意图

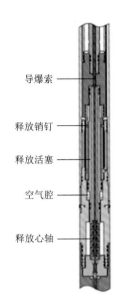

导爆索
释放销钉
释放活塞
空气腔
释放心轴

彩图 7　斯伦贝谢公司 SXAR
自动丢枪装置结构示意图

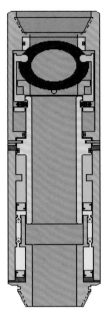

彩图 8　LPR-N 测试阀
结构示意图

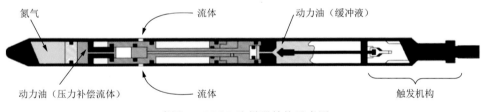

氮气　　　　　流体　　　动力油（缓冲液）

动力油（压力补偿流体）　　流体　　　触发机构

彩图 9　SCAR 取样器结构示意图

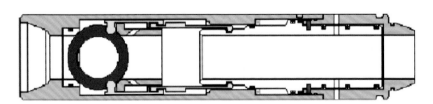

彩图 10　RD 旁通试压阀结构示意图